高等职业教育系列教材

电加工实训教程

第2版

主　编　唐秀兰　王　乐
副主编　唐琼英　李文平　洪小英
参　编　熊保玉　杨素华　刘胜利　贾学萍
主　审　尹存涛

机械工业出版社

本书为校企合作编写的理实一体化教材，采用模块化教学的模式组织教学内容。全书共分为3个模块，包含10个项目。

每个项目的选取参照《电切削工国家职业技能标准》（含电火花线切割机操作工、电火花成形机操作工），结合企业调研，以典型零件为载体，以工作过程为导向，并根据学生的认知规律和职业能力的成长规律，按由易到难、由浅入深、由单一到综合来组织教学内容。学生通过10个项目的学习，可以掌握零件的线切割与电火花成形加工技术与技能，做到“懂工艺、能编程、会操作”。

本书主要内容均配有教学视频以及丰富的试题库，教学视频可直接扫描书中二维码观看，方便教师教学和学生自学。教材配活页式项目导学案，可分开使用。

本书可作为高等职业院校和中等职业学校机械类、机电类专业教材，不同专业可根据教学目标和学时来选择具体的模块和项目。本书也可作为广大工程技术人员的自学用书和参考书。

本书配有电子课件、习题答案、电切削工鉴定理论与实操套卷等资源，需要的教师可登录机械工业出版社教育服务网 www.cmpedu.com 注册后免费下载，或联系编辑索取（微信：15910938545，电话：010-88379739）。

图书在版编目(CIP)数据

电加工实训教程／唐秀兰，王乐主编．—2版．—北京：机械工业出版社，2022.1(2025.1重印)
高等职业教育系列教材
ISBN 978-7-111-69671-1

Ⅰ.①电…　Ⅱ.①唐…　②王…　Ⅲ.①电火花加工-高等职业教育-教材　Ⅳ.①TG661

中国版本图书馆CIP数据核字(2021)第244372号

机械工业出版社(北京市百万庄大街22号　邮政编码100037)
策划编辑：曹帅鹏　　责任编辑：曹帅鹏
责任校对：张艳霞　　责任印制：常天培

北京中科印刷有限公司印刷

2025年1月第2版·第2次印刷
184mm×260mm·12印张·293千字
标准书号：ISBN 978-7-111-69671-1
定价：55.00元

电话服务
客服电话：010-88361066
　　　　　010-88379833
　　　　　010-68326294

网络服务
机　工　官　网：www.cmpbook.com
机　工　官　博：weibo.com/cmp1952
金　　书　　网：www.golden-book.com
机工教育服务网：www.cmpedu.com

Preface

前 言

本书为校企合作编写的理实一体化教材，是在第1版的基础上修订增补而成。本书在编写过程中，从初学者的角度出发，本着知识“必需、适用、够用”的编写原则和“通俗、精练、重操作”的编写风格，以学生的实际操作技能为着眼点，采用基于工作过程的“项目导向、任务驱动”的教学模式组织教学内容。不同专业可根据教学目标和学时数来选择具体的模块和项目组织教学，适用面广，可操作性强。

全书共分为3个模块，模块一为零件的线切割编程与加工，包含项目1凸模类零件的线切割编程与加工、项目2凹模类零件的线切割编程与加工、项目3模板镶件（凸凹模）的线切割编程与加工、项目4基准件与配合件的线切割编程与加工、项目5锥度与异面类零件的线切割编程与加工、项目6拓展知识。模块二为零件的电火花成形加工，包含项目7不通孔的电火花成形加工、项目8型腔的电火花成形加工。前8个项目的选取是参照《电切削工国家职业技能标准》（含电火花线切割机操作工、电火花成形机操作工），结合企业调研，以典型零件为载体，以工作过程为导向，并根据学生的认知规律和职业能力的成长规律，按由易到难、由浅入深、由单一到综合来组织教学内容。模块三为典型零件加工项目实战，包含项目9成形车刀的线切割编程与加工、项目10典型模具零件的线切割编程与加工。该模块主要培养学生学以致用的能力。学生通过10个项目的学习，可以掌握零件的线切割与电火花成形加工技术与技能，做到“懂工艺、能编程、会操作”。

本书主要特点是依据国家职业技能标准选择教学内容，遵循循序渐进的规律；以真实的零件为载体，设计学习项目，每个学习项目的实施都是一个完整的工作过程，保证学习内容与工作内容的一致性，学习过程与工作过程的一致性；完成每个项目学习后，要求学生自己设计加工零件，并严格按照评分标准评定成绩，以提高学生学习的积极性。

本书为立体化教材，主要内容均配有教学视频，方便教师教学和学生自学；配有试题库，包含课后思考题、电切削工知识与技能测试模拟题等，便于学生自我检测；配活页式项目导学案，实训中学生可直接使用；配有丰富的网上资源，如教案、课件、视频和在线测试等内容，可供学生自主学习，具体可见四川信息职业技术学院网络教学平台。

本书编写分工如下：四川信息职业技术学院唐秀兰编写项目1～项目3、附录及活页内容，并负责本书的策划与统稿，四川信息职业技术学院王乐编写项目7、项目8、项目10，四川信息职业技术学院唐琼英编写项目4，四川信息职业技术学院李文平编写项目5，成都工业职业技术学院熊保玉编写项目6，武汉城市职业技术学院杨素华编写项目9，四川信息职业技术学院洪小英参与视频的录制。在编写过程中，赫比（成都）精密塑胶制品有限公司刘胜利、广元建平机电工业有限责任公司贾学萍提供了大量素材和技术支持。

由于编者水平有限，书中难免有疏漏之处，恳请读者批评指正。

编 者

二维码视频列表

项　目	二维码视频	页　码
项目 1 凸模类零件的线切割加工	01 凸模项目介绍	1
	02 电火花加工概念与原理	2
	03 电火花加工特点、分类与线切割概述	5
	04 线切割加工设备类型及组成	6
	05 安全文明生产教育与安全操作规程	11
	06 3B 直线编程	11
	07 3B 圆弧编程	14
	08 CNC2 系统程序调试	15
	09 线切割加工工艺	22
	10 自动编程步骤要点	24
	11 CAXA 自动编程操作	24
	12 机床操作面板介绍	31
	13 凸模零件的加工	35
	14 凸模任务安排与学生实作	38
项目 2 凹模类零件的线切割加工	15 凹模项目介绍	41
	16 凹模工艺与编程	42
	17 工件装夹、找正与定位	43
	18 上丝操作	44
	19 凹模零件加工实作讲解	47
	20 凹模任务安排与学生实作	47
项目 3 模板镶件的线切割加工	21 模板镶件的工艺与编程	51
	22 镶件任务安排与学生实作	52
项目 4 基准件与配合件的线切割加工	23 基准件与配合件的切割工艺与编程	56
	24 配合件任务安排与学生实作	56
项目 5 锥度与异面类零件的线切割 编程与加工	25 HF 系统锥度编程	64
	26 HF 系统异面编程操作	70
项目 6 拓展知识	27 齿轮 CAXA 自动编程	82
	28 文字 CAXA 自动编程	85
	29 矢量图 CAXA 自动编程	87
项目 9 成形车刀的 线切割编程与加工	30 成形车刀工艺分析	120
	31 成形车刀程序编制	120
	32 成形车刀的加工实作	122

目　录 Contents

模块二 零件的电火花成形加工

模块三 典型零件加工项目实战

模块一　零件的线切割编程与加工

项目 1　凸模类零件的线切割编程与加工

➢ 项目内容

在本项目中，要完成如图 1-1 所示凸模类零件的加工。已知：材料为 45 钢，厚度为 8 mm。

1. 零件图形

01　凸模项目介绍

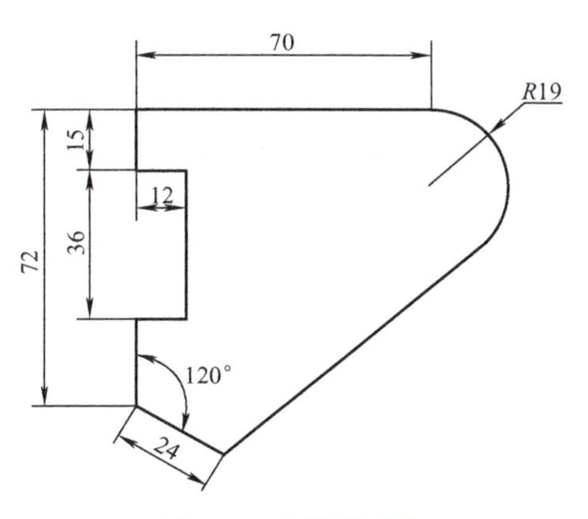

图 1-1　凸模类零件

2. 编程与加工要求

1）根据电极丝实际直径，正确计算偏移量。
2）根据图形特点，正确选择引入线位置和切割方向。
3）根据材料种类和厚度，正确设置脉冲参数。
4）根据程序的引入位置和切割方向，正确装夹工件和定位电极丝。
5）操作机床，进行零件加工。

➢ 知识点

为了完成上述零件的加工，本项目着重讲述如下课题。

课题 1　电火花线切割加工概述
课题 2　电火花线切割加工的设备类型及组成

课题3 线切割手工编程与调试
课题4 线切割工艺
课题5 线切割自动编程
课题6 机床基本操作
课题7 线切割加工中常见问题及处理方法
课题8 完成凸模类零件的编程与加工

> **学习内容**

课题1 电火花线切割加工概述

02 电火花加工概念与原理

1.1.1 电火花加工概念

电火花加工又称为放电加工（英文简称EDM），是一种直接利用电能和热能进行加工的工艺。它与金属切削加工的原理完全不同，在加工过程中，工具与工件不直接接触，而是靠工具和工件之间不断产生脉冲性的火花放电，通过放电产生的局部、瞬时的高温将金属腐蚀下来。这种利用火花放电时产生的电腐蚀现象对金属材料进行加工的方法称为电火花加工。

1.1.2 电火花加工原理

电火花加工是通过工件和工具电极相互靠近时极间形成脉冲性火花放电，在电火花通道中产生瞬时高温，使金属局部熔化，甚至气化，从而将金属腐蚀下来，达到按要求改变材料形状和尺寸的加工工艺。电火花加工原理如图1-2所示，这一过程大致分为以下几个阶段。

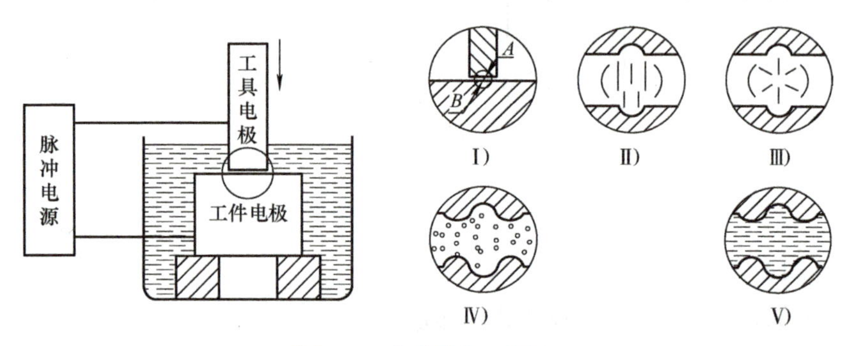

图1-2 电火花加工原理

1. 极间介质的电离、击穿，形成放电通道

工具电极与工件电极缓慢靠近，极间的电场强度越来越大，由于两电极的微观表面是凹凸不平的，因此在两极间距离最近的A、B两点的初电场强度最大，如图1-2Ⅰ所示。液体介质在强大的电场作用下，形成了带负电的粒子和带正电的粒子，电场强度越大带电粒子就越多，最终导致液体介质电离、击穿，形成放电通道。

2. 介质热分解、电极材料熔化、气化热膨胀

形成放电通道后，通道间带负电的粒子在电场的加速作用下奔向正极，带正电的粒子在

电加工实训
主要项目导学案

专　　业：____________________

班　　级：____________________

学　　号：____________________

姓　　名：____________________

实训时间：____________________

指导教师：____________________

填表时间：__________年__________月__________日

说明：

请根据学时选择以下的学习项目，每个项目的导学案内容完整，可灵活选择、组合使用。

学生用表 1　凸模类零件的线切割编程与加工

学生用表 2　凹模类零件的线切割编程与加工

学生用表 3　模板镶件的线切割编程与加工

学生用表 4　基准件与配合件的线切割编程与加工

学生用表 5　典型模具零件的线切割编程与加工

学生用表 6　电火花成形加工

学生用表 1

<table>
<tr><th colspan="2">凸模类零件的线切割编程与加工</th></tr>
<tr><td colspan="2">项目任务：
学生自行设计一凸模类零件，对零件外形进行线切割编程与加工，要求零件周长在 90 mm 左右，零件材料为 45 钢，料厚为 6 mm。</td></tr>
<tr><td colspan="2">项目提示：
1）根据电极丝实际直径，正确计算偏移量；
2）根据图形特点，正确选择引入线位置和切割方向；
3）结合线切割工艺，编制凸模类零件的程序；
4）将零件程序正确传输到线切割机床；
5）根据材料种类和厚度，正确设置机床电源的脉冲参数；
6）根据程序的引入位置和切割方向，正确装夹工件和定位电极丝；
7）操作机床，进行凸模类零件的加工；
8）机床常见加工问题的处理。</td></tr>
<tr><td colspan="2">学 习 过 程</td></tr>
<tr><td>实操步骤</td><td>➢ 零件设计
➢ 程序编制
➢ 零件加工
➢ 工件清洗与自检</td></tr>
<tr><td>学生实作</td><td>1. 零件设计
在此处完成零件图绘制，并在图上标出尺寸及程序引入、引出线位置。</td></tr>
</table>

学生用表1

<table>
<tr><td rowspan="2">学生实作</td><td>2. 程序编制
该零件加工所用电极丝直径：________；单边放电间隙：________；基准件补偿值：________；切割方向：________（顺时针/逆时针）；工件夹持：________边。
书写程序：</td></tr>
<tr><td>3. 零件加工
1）简述零件加工操机步骤</td></tr>
</table>

学生用表 1

<table>
<tr><td rowspan="2">学生实作</td><td>2）加工中遇到的问题、解决的办法</td></tr>
<tr><td>4. 工件清洗与自检
清洗工件，选用合适的检测工具自检工件的尺寸，分析工件的加工质量。</td></tr>
<tr><td>成绩评定</td><td>
<table>
<tr><td>序号</td><td>项目</td><td>配分</td><td>检测标准</td><td>检测结果</td><td>得分</td></tr>
<tr><td rowspan="5">1</td><td rowspan="5">程序编制</td><td rowspan="5">30</td><td>图形正确（10 分）</td><td></td><td></td></tr>
<tr><td>工艺路线正确（5 分）</td><td></td><td></td></tr>
<tr><td>偏移量正确（5 分）</td><td></td><td></td></tr>
<tr><td>程序正确（5 分）</td><td></td><td></td></tr>
<tr><td>报告填写（5 分）</td><td></td><td></td></tr>
<tr><td rowspan="3">2</td><td rowspan="3">操作</td><td rowspan="3">55</td><td>工件装夹定位（25 分）</td><td></td><td></td></tr>
<tr><td>脉冲电源参数设置（10 分）</td><td></td><td></td></tr>
<tr><td>操作技能（20 分）</td><td></td><td></td></tr>
<tr><td>3</td><td>质量检测</td><td>15</td><td>本项目只看表面粗糙度</td><td></td><td></td></tr>
<tr><td>4</td><td>5S 考核</td><td>采用负分制</td><td>详见 5S 标准</td><td></td><td></td></tr>
<tr><td colspan="2">项目成绩</td><td colspan="2"></td><td>评分教师</td><td></td></tr>
</table>
</td></tr>
</table>

学生用表2

<table>
<tr><th colspan="2">凹模类零件的线切割编程与加工</th></tr>
<tr><td colspan="2">项目任务：
学生自行设计一凹模类零件，对零件型孔进行线切割编程与加工，要求零件周长在90 mm左右，零件材料为45钢，料厚为6 mm。</td></tr>
<tr><td colspan="2">项目提示：
1）根据电极丝实际直径，正确计算偏移量；
2）根据图形特点，正确选择引入线位置和切割方向；
3）结合线切割工艺，编制凹模类零件的程序；
4）将零件程序正确传输到线切割机床；
5）根据材料种类和厚度，正确设置机床电源的脉冲参数；
6）根据程序的引入位置和切割方向，正确装夹工件、穿丝和定位电极丝；
7）操作机床，进行凹模零件（零件型孔）的加工；
8）机床常见加工问题的处理。</td></tr>
<tr><td colspan="2">学 习 过 程</td></tr>
<tr><td>实操步骤</td><td>➢ 零件设计（单型孔、多型孔）
➢ 程序编制
➢ 零件加工
➢ 工件清洗与自检</td></tr>
<tr><td>学生实作</td><td>1. 单型孔的零件设计
在此处完成零件图绘制，并在图上标出尺寸及程序引入、引出线位置。</td></tr>
</table>

学生用表 2

<table>
<tr><td rowspan="2">学生实作</td><td>2. 单型孔零件的程序编制
该零件加工所用电极丝直径：________；单边放电间隙：________；基准件补偿值：________；切割方向：________（顺时针/逆时针）；工件夹持：________边。
书写程序：</td></tr>
<tr><td>3. 零件加工
1）简述零件加工操机步骤</td></tr>
</table>

学生用表2

<table>
<tr><td rowspan="2">学生实作</td><td>2）加工中遇到的问题、解决的办法</td></tr>
<tr><td>4. 工件清洗与自检
清洗工件，选用合适的检测工具自检工件的尺寸，分析工件的加工质量。</td></tr>
<tr><td>成绩评定</td><td>
<table>
<tr><th>序号</th><th>项目</th><th>配分</th><th>检测标准</th><th>检测结果</th><th>得分</th></tr>
<tr><td rowspan="5">1</td><td rowspan="5">程序编制</td><td rowspan="5">30</td><td>图形正确（10分）</td><td></td><td></td></tr>
<tr><td>工艺路线正确（5分）</td><td></td><td></td></tr>
<tr><td>偏移量正确（5分）</td><td></td><td></td></tr>
<tr><td>程序正确（5分）</td><td></td><td></td></tr>
<tr><td>报告填写（5分）</td><td></td><td></td></tr>
<tr><td rowspan="3">2</td><td rowspan="3">操作</td><td rowspan="3">55</td><td>工件装夹定位与穿丝（25分）</td><td></td><td></td></tr>
<tr><td>脉冲电源参数设置（10分）</td><td></td><td></td></tr>
<tr><td>操作技能（20分）</td><td></td><td></td></tr>
<tr><td>3</td><td>质量检测</td><td>15</td><td>本项目只看表面粗糙度</td><td></td><td></td></tr>
<tr><td>4</td><td>5S考核</td><td>采用负分制</td><td>详见5S标准</td><td></td><td></td></tr>
<tr><td colspan="2">项目成绩</td><td colspan="2"></td><td>评分教师</td><td></td></tr>
</table>
</td></tr>
</table>

学生用表 2

<table>
<tr><th colspan="4">学习过程</th></tr>
<tr><td>实操步骤</td><td colspan="3">➢ 零件设计（单型孔、多型孔）
➢ 轨迹跳步顺序的选择原则
➢ 程序编制与仿真加工</td></tr>
<tr><td rowspan="4">学生实作</td><td colspan="3">1. 多型孔的零件设计
在此处完成零件图绘制，并在图上标出尺寸及程序引入、引出线位置。</td></tr>
<tr><td colspan="3">2. 多型孔编程加工时，轨迹跳步顺序的选择原则</td></tr>
<tr><td colspan="3">3. 多型孔零件的程序编制与仿真加工
该零件加工所用电极丝直径：________；单边放电间隙：________；补偿值：________；切割方向：________（顺时针/逆时针）；工件夹持：________边。
书写程序：</td></tr>
<tr><td>项目评分</td><td></td><td>评分教师</td></tr>
</table>

学生用表 3

<table>
<tr><td colspan="2">模板镶件的线切割编程与加工</td></tr>
<tr><td colspan="2">项目任务：
学生自行设计一模板镶件（凸凹模零件），一次装夹完成零件的型孔和外形的编程与加工。要求零件外形在规定的面积范围内，零件材料为45钢，料厚为8 mm。</td></tr>
<tr><td colspan="2">项目提示：
1）根据电极丝实际直径，正确计算偏移量；
2）根据图形特点，正确选择零件型孔与外形的引入线位置和切割方向，根据毛坯尺寸，正确选取外形轮廓引入线的长度；
3）结合线切割工艺，编制模板镶件的程序；
4）将零件程序正确传输到线切割机床；
5）根据材料种类和厚度，正确设置机床电源的脉冲参数；
6）根据程序的引入位置和切割方向，正确装夹工件、穿丝和定位电极丝，保证内孔与外形位置尺寸；
7）操作机床，进行模板镶件（零件型孔与外形）的加工；
8）机床常见加工问题的处理。</td></tr>
<tr><td colspan="2">学 习 过 程</td></tr>
<tr><td>实操步骤</td><td>➢ 零件设计
➢ 程序编制
➢ 零件加工
➢ 工件清洗与自检</td></tr>
<tr><td>学生实作</td><td>1. 零件设计
在此处完成零件图绘制，并在图上标出尺寸及程序引入、引出线位置。</td></tr>
</table>

学生用表 3

<table>
<tr><td rowspan="2">学生实作</td><td>2. 零件的程序编制
该零件加工所用电极丝直径：________；单边放电间隙：________；型孔补偿值：________，切割方向：________（顺时针/逆时针）；外形补偿值：________，切割方向：________（顺时针/逆时针）；工件夹持：________边。
书写程序：</td></tr>
<tr><td>3. 零件加工
1）简述模板镶件加工操机步骤</td></tr>
</table>

学生用表 3

<table>
<tr><td rowspan="2">学生实作</td><td>2）加工中遇到的问题、解决的办法</td></tr>
<tr><td>4. 工件清洗与自检
清洗工件，选用合适的检测工具自检工件的尺寸，分析工件的加工质量。</td></tr>
<tr><td>成绩评定</td><td>
<table>
<tr><td>序号</td><td>项目</td><td>配分</td><td colspan="2">检测标准</td><td>检测结果</td><td>得分</td></tr>
<tr><td>1</td><td>程序编制</td><td>20</td><td colspan="2">绘图、补偿值、引线、切割方向与报告填写</td><td></td><td></td></tr>
<tr><td>2</td><td>操作</td><td>36</td><td colspan="2">工件装夹定位、穿丝、参数设置、操作熟练度等</td><td></td><td></td></tr>
<tr><td>3</td><td>表面粗糙度</td><td>10</td><td colspan="2">周边 $Ra1.6\mu m$</td><td></td><td></td></tr>
<tr><td rowspan="4">4</td><td rowspan="4">尺寸检测（超差 0.04 mm 不得分）</td><td rowspan="4">24</td><td>学生自检</td><td>教师检测</td><td rowspan="4"></td><td rowspan="4"></td></tr>
<tr><td></td><td></td></tr>
<tr><td></td><td></td></tr>
<tr><td></td><td></td></tr>
<tr><td>5</td><td>其他</td><td>10</td><td colspan="2"></td><td></td><td></td></tr>
<tr><td>6</td><td>5S 考核</td><td>采用负分制</td><td colspan="2">详见 5S 标准</td><td></td><td></td></tr>
<tr><td colspan="2">项目成绩</td><td colspan="3"></td><td>评分教师</td><td></td></tr>
</table>
</td></tr>
</table>

学生用表 4

<table>
<tr><td colspan="2">基准件与配合件的线切割编程与加工</td></tr>
<tr><td colspan="2">项目任务：
自行设计基准零件，以________为基准件，________为配合件，双边配合间隙______mm，加工基准件与配合件。</td></tr>
<tr><td colspan="2">项目提示：
1）根据电极丝实际直径，正确计算基准件和配合件偏移量；
2）根据图形特点，正确选择零件引入线位置和切割方向；
3）结合线切割工艺，编制基准件和配合件的程序；
4）将零件程序正确传输到线切割机床；
5）根据材料种类和厚度，正确设置机床电源的脉冲参数；
6）根据程序的引入位置和切割方向，正确装夹工件、穿丝和定位电极丝；
7）操作机床，进行基准件和配合件的加工，保证两者按间隙配合；
8）机床常见加工问题的处理。</td></tr>
<tr><td colspan="2">学 习 过 程</td></tr>
<tr><td>实操步骤</td><td>➢ 基准件零件设计
➢ 基准件的程序编制
➢ 配合件的零件设计
➢ 配合件的程序编制
➢ 基准件与配合件的零件加工
➢ 工件清洗与自检</td></tr>
<tr><td>学生实作</td><td>1. 基准件零件设计
在此处完成基准件零件图绘制，并在图上标出尺寸及程序引入、引出线位置。</td></tr>
</table>

学生用表4

<table>
<tr><td rowspan="3">学生实作</td><td>2. 基准件的程序编制
该零件加工所用电极丝直径：________；单边放电间隙：________；基准件补偿值：________；切割方向：________（顺时针/逆时针）；工件夹持：________边。
书写程序：</td></tr>
<tr><td>3. 配合件的零件设计
在此处完成配合件零件图绘制，不标注尺寸，只在图上标出程序引入、引出线位置。</td></tr>
<tr><td>4. 配合件的程序编制
该零件加工所用电极丝直径：________；单边放电间隙：________；配合件补偿值：________；切割方向：________（顺时针/逆时针）；工件夹持：________边。
书写程序：</td></tr>
</table>

学生用表 4

学生实作

5. 基准件与配合件的零件加工

1）简述配合加工法的程序编制注意事项

2）加工中遇到的问题、解决的办法

6. 工件清洗与自检

清洗工件，选用合适的检测工具自检工件的尺寸，分析工件的加工质量。

成绩评定

<table>
<tr><th>序号</th><th>项目</th><th>配分</th><th colspan="2">检测标准</th><th>检测结果</th><th>得分</th></tr>
<tr><td>1</td><td>程序编制</td><td>20</td><td colspan="2">绘图、补偿值、引线、切割方向等</td><td></td><td></td></tr>
<tr><td>2</td><td>操作</td><td>30</td><td colspan="2">工件装夹、定位、穿丝、参数设置、操作熟练度等</td><td></td><td></td></tr>
<tr><td>3</td><td>表面粗糙度</td><td>10</td><td colspan="2">周边 $Ra1.6\ \mu m$</td><td></td><td></td></tr>
<tr><td rowspan="4">4</td><td rowspan="4">尺寸检测（超差 0.04 mm 不得分）</td><td rowspan="4">30</td><td>学生自检</td><td>教师检测</td><td rowspan="4"></td><td rowspan="4"></td></tr>
<tr><td></td><td></td></tr>
<tr><td></td><td></td></tr>
<tr><td></td><td></td></tr>
<tr><td>5</td><td>安全文明生产</td><td>10</td><td colspan="2"></td><td></td><td></td></tr>
<tr><td>6</td><td>5S 考核</td><td>采用负分制</td><td colspan="2">详见 5S 标准</td><td></td><td></td></tr>
<tr><td colspan="2">项目成绩</td><td colspan="3"></td><td>评分教师</td><td></td></tr>
</table>

学生用表5

典型模具零件的线切割编程与加工

项目任务：

选择一套典型产品的冲压模具（如垫圈、垫片等的冲孔、落料级进模）。分小组完成凸模、凹模板、凸模固定板、卸料板等模具零件的线切割编程与加工。

任务要求：

1）读懂模具装配图、零件图及技术要求，结合零件工艺，分析需要线切割加工的部位；分析线切割加工部位之间的配合关系。

2）找出加工的基准件和配合件，根据配合关系计算所加工零件的编程补偿值。

3）结合线切割工艺，正确编制线切割程序，完成零件的装夹、定位和加工。

项目提示：

1）根据电极丝实际直径和零件配合关系，正确计算基准件和配合件偏移量；

2）根据图形特点，正确选择零件引入线位置和切割方向；

3）结合线切割工艺，编制基准件和配合件的程序；

4）将零件程序正确传输到线切割机床；

5）根据材料种类和厚度，正确设置机床电源的脉冲参数；

6）根据程序的引入位置和切割方向，正确装夹工件、穿丝和定位电极丝；

7）操作机床，进行模具零件的加工，保证模具零件不同部位的配合关系；

8）机床常见加工问题的处理。

学 习 过 程

<table>
<tr><td>实操步骤</td><td>➢ 凸模的线切割编程与加工
➢ 凹模板的线切割编程与加工
➢ 凸模固定板的线切割编程与加工
➢ 卸料板的线切割编程与加工
➢ 工件清洗与自检</td></tr>
<tr><td>学生实作</td><td>1. 凸模的线切割编程与加工
（1）加工部位的图形绘制与尺寸标注，并在图上标出引入、引出线和切割方向
提示：
1）在冲压模具设计中，冲孔以凸模为基准件，落料以凹模为基准件。因为凸模零件同时与凹模、固定板、卸料板有配合关系，故为了减少基准换算，可以考虑均以凸模为基准件，配制凹模、固定板、卸料板等零件。
2）考虑凸模刃口的尺寸公差，在绘图时应采用尺寸中间值。</td></tr>
</table>

学生用表 5

<table>
<tr><td rowspan="2">学生实作</td><td>（2）程序编制
该零件为________（填基准件、配合件），补偿值为________；工件装夹________（填左边、右边）。
程序书写：

（3）加工中遇到的问题、解决的办法

</td></tr>
<tr><td>2. 凹模板的线切割编程与加工
（1）加工部位的图形绘制（线切割加工的配合件不用标注尺寸），并在图上标出引入、引出线、跳步轨迹线和切割方向
提示：冲孔的凹模刃口与冲孔凸模配作；落料的凹模刃口与落料凸模刃口配作。如果已加工基准件，则配合件图形可直接复制基准件的刃口图形，编制程序输入补偿值即可。

（2）程序编制
该零件为_______（填基准件、配合件），凹模刃口尺寸与冲孔/落料凸模刃口配合，配合间隙为_______，补偿值为_______；工件装夹_______（填左边、右边）。
程序书写：

（3）凹模板如何定位与找正

（4）加工中遇到的问题、解决的办法

</td></tr>
</table>

学生用表5

<table>
<tr><td rowspan="1">学生实作</td><td>

3. 凸模固定板的线切割编程与加工

（1）加工部位的图形绘制（线切割加工的配合件不用标注尺寸），并在图上标出引入、引出线、跳步轨迹线和切割方向

提示：凸模固定板型孔分别与冲孔凸模和落料凸模的固定段过渡配合。如凸模均为直通式，则配合件图形可直接复制凸模的刃口图形，编制程序输入补偿值即可。如凸模为台阶式，则固定板型孔应以固定段台阶配作。

（2）程序编制

该零件为________（填基准件、配合件），型孔尺寸与凸模固定段配合，配合关系为________，补偿值为________；工件装夹________（填左边、右边）。

程序书写：

（3）加工中遇到的问题、解决的办法

</td></tr>
</table>

学生用表 5

<table>
<tr><td>学生
实作</td><td>4. 卸料板的线切割编程与加工
（1）加工部位的图形绘制（线切割加工的配合件不用标注尺寸），并在图上标出引入、引出线、跳步轨迹线和切割方向

（2）程序编制
该零件为________（填基准件、配合件），型孔尺寸与凸模刃口配合，配合间隙为________，补偿值为________；工件装夹________（填左边、右边）。
程序书写：

（3）加工中遇到的问题、解决的办法

</td></tr>
</table>

学生用表 5

<table>
<tr><td>学生实作</td><td>5. 工件清洗与自检
清洗工件，选用合适的检测工具自检工件的尺寸，分析工件的加工质量。</td></tr>
<tr><td>成绩评定</td><td>
<table>
<tr><th>序号</th><th>项目</th><th>配分</th><th colspan="4">检测标准</th><th>检测结果</th><th>得分</th></tr>
<tr><td>1</td><td>程序编制</td><td>20</td><td colspan="4">绘图、补偿值、引线、切割方向等</td><td></td><td></td></tr>
<tr><td>2</td><td>操作</td><td>30</td><td colspan="4">工件装夹、定位、穿丝、参数设置、操作熟练度等</td><td></td><td></td></tr>
<tr><td>3</td><td>表面粗糙度</td><td>10</td><td colspan="4">周边 $Ra1.6\ \mu m$</td><td></td><td></td></tr>
<tr><td rowspan="4">4</td><td rowspan="4">尺寸检测（超差 0.02 mm 不得分）</td><td rowspan="4">30</td><td>凸模</td><td>凹模板</td><td>固定板</td><td>卸料板</td><td rowspan="4"></td><td rowspan="4"></td></tr>
<tr><td></td><td></td><td></td><td></td></tr>
<tr><td></td><td></td><td></td><td></td></tr>
<tr><td></td><td></td><td></td><td></td></tr>
<tr><td>5</td><td>安全文明生产</td><td>10</td><td colspan="4"></td><td></td><td></td></tr>
<tr><td>6</td><td>5S 考核</td><td>采用负分制</td><td colspan="4">详见 5S 标准</td><td></td><td></td></tr>
<tr><td colspan="2">项目成绩</td><td colspan="5"></td><td>评分教师</td><td></td></tr>
</table>
</td></tr>
</table>

学生用表 6

<table>
<tr><td colspan="2">电火花成形加工</td></tr>
<tr><td colspan="2">项目任务：
学生按要求完成零件上不通孔或型腔的电火花加工。</td></tr>
<tr><td colspan="2">项目提示：
1）根据零件结构及加工工艺，正确装夹、校正工件；
2）根据电极结构，正确装夹、校正电极；
3）结合零件加工工艺，确定电极加工位置；
4）根据零件材质及加工要求，正确设置机床电源的脉冲参数，编制合理的放电程序；
5）操作机床，进行零件的成形加工；
6）机床常见加工问题的处理。</td></tr>
<tr><td colspan="2">学 习 过 程</td></tr>
<tr><td>实操步骤</td><td>➢ 零件加工工艺分析
➢ 程序编制
➢ 零件加工
➢ 工件清洗与自检</td></tr>
<tr><td>学生实作</td><td>1. 零件加工工艺分析
（1）绘制零件图，并在图上标出尺寸</td></tr>
</table>

学生用表6

<table>
<tr><td rowspan="3">学生实作</td><td>(2) 分析考虑该零件和工具电极采用何种装夹方式</td></tr>
<tr><td>(3) 该零件和工具电极如何校正</td></tr>
<tr><td>(4) 如何建立工件坐标系</td></tr>
</table>

学生用表6

学生实作

2. 程序编制

电极材料为________，工件材料为________。

EDM程序

序号	*Z*轴深度	BP	AP	TA	TB	SP	GP	UP	DN	PO	F1	F2	TM
1													
2													
3													
4													
5													
6													
7													
8													

3. 零件加工

1）简述零件加工操机步骤

2）加工中遇到的问题、解决的办法

学生用表 6

学生实作

4. 工件清洗与自检

清洗工件，选用合适的检测工具自检工件的尺寸，分析工件的加工质量。

成绩评定

序号	项目	配分	检测标准	检测结果	得分
1	程序编制	30	粗加工、半精加工、精加工参数是否合理（10分）		
			程序参数是否合理（15分）		
			报告填写（5分）		
2	操作	55	工件装夹定位（10分）		
			电极的装夹与校正（15分）		
			工件坐标系设定（10分）		
			操作技能（20分）		
3	质量检测	15	尺寸（10分）		
			表面粗糙度（5分）		
4	5S考核	采用负分制	详见5S标准		
项目成绩				评分教师	

电场作用下奔向负极，这一过程中粒子间相互撞击，使得通道瞬间达到很高的温度。使工作液气化，然后高温向四周扩散，使两电极表面的金属材料开始熔化直至沸腾气化。气化后的工作液和金属蒸气瞬间体积急剧膨胀，形成了爆炸性的特性，如图 1-2Ⅱ、Ⅲ所示。

3. 电极材料的抛出

正、负电极间产生的电火花现象，使放电通道产生高温高压。通道中心的压力最高，工作液和金属气化后不断向外膨胀，形成内外瞬间压力差，高压力处的熔融金属液体和蒸气被排挤，抛出放电通道，大部分被抛出到工作液中，如图 1-2Ⅳ所示。

4. 电极介质的消电离

若电火花放电过程中产生了电蚀产物来不及排除和扩散，则产生的热量将不能及时传出，使该处介质局部过热，局部过热的工作液高温分解、积碳，使得加工无法继续进行，并烧坏电极。因此为了保证电火花加工过程的正常进行，在两次放电之间必须有足够的时间间隔让电蚀产物充分排除，恢复放电通道的绝缘性，使工作液介质消电离，如图 1-2Ⅴ所示。

1.1.3　电火花加工的基本规律

1. 极性效应

试验证明，在电火花加工过程中，无论是正极还是负极，都会受到不同程度的电蚀。这种由于正负极性不同，而产生彼此电蚀量不同的现象，称为极性效应。

产生极性效应的直接原因是在放电过程中，由于两电极表面分配到的能量不同，因而电蚀量也不一样。因为电子的质量和惯性都小，容易获得很高的加速度和速度，在机床放电的初级阶段就有大量的电子奔向正极，把能量传递给阳极表面，使电极材料迅速熔化和气化。而正离子质量大，惯性大，加速慢，到达负极表面的只有一小部分。所以在用短脉冲（短脉宽）加工时，电子的轰击作用大于正离子的轰击作用，正电极的电蚀量大于负极的电蚀量，这时工件应接正极。

当选用长脉冲（长脉宽）加工时，质量和惯性都大的正离子将有足够的时间到达负极表面，由于正离子的质量大，它对负极表面的轰击破坏作用要比电子强，同时到达负极的正离子又会牵制电子的运动，故负极的电蚀量将大于正极，这时工件应接负极。

在生产中，将工件接脉冲电源正极（工具接负极）称为正极性接法；将工件接脉冲电源负极（工具接正极）称为负极性接法，如图 1-2 所示。本书后面讲述的线切割加工，受加工表面的表面粗糙度和电极丝允许承载电流的限制，其脉冲电源的脉宽较窄（2~60 μs），单个脉冲能量、平均电流一般较小，所以线切割加工通常采用正极性接法。电火花成形加工主要根据电极材料选择接线方法。

2. 电腐蚀的影响

影响电腐蚀的因素很多，除了以上所讲的极性效应和受脉冲电源参数的影响外，还要受到正极吸附、电极材料、切削液等的影响。

要充分利用极性效应，正确地选用极性，最大限度地降低电极损耗外，还应合理选用电极材料，根据电极材料的物理性能和加工要求选择最佳的脉冲电源参数，使工件的加工速度最高，工具损耗尽可能小。

1.1.4 电火花加工的特点

1. 电火花加工与切削加工的区别（见表1-1）

表1-1 电火花加工与切削加工的区别

比较项目	电火花加工	切削加工
材料要求	工具电极的硬度可以低于工件	工具（刀具）比工件硬
接触方式	工具电极与工件不接触	工具一定要与工件接触
加工能源	电能、热能	机械能

2. 电火花加工的优点

1）可以加工难以用金属切削方法加工的零件，不受材料硬度影响。

2）由于加工时，工具电极与工件不接触，没有机械切削力，工具电极可以做得十分细微，能进行细微加工和复杂型面加工。

3）由于采用电能、热能加工，脉冲电源参数较机械量易于数字控制、适应控制，便于实现自动化和无人化操作。

3. 电火花加工的局限性

1）只能加工金属等导电材料。

2）一般加工效率较低。

3）存在电极损耗。

4）加工表面有变质层，在某些使用场合要去除。

1.1.5 电火花加工的工艺类型及适用范围

按工具电极和工件相对运动的方式和用途的不同，电火花加工主要可分为以下6大类。

1）电火花穿孔成形加工。

2）电火花线切割加工。

3）电火花磨削和镗磨加工。

4）电火花高速小孔加工。

5）电火花同步共轭加工。

6）电火花表面强化与刻字。

前5种属于电火花成形、尺寸加工，是用于改变工件形状和尺寸的加工方法；最后一种则属于表面加工方法，用于改善或改变零件表面性质。其中，电火花穿孔成形加工和电火花线切割加工应用最为广泛。本书重点讲述电火花成形加工和电火花线切割加工。表1-2为总的分类情况及各种加工方法的主要特点和适用范围。

表1-2 电火花加工的工艺类型

类别	工艺类型	主要特点	适用范围	备注
1	电火花穿孔成形加工	1）工具和工件间主要只有一个相对的伺服进给运动 2）工具为成形电极，与被加工表面有相同的截面和相应的形状	1）穿孔加工：加工各种冲模、挤压模、粉末冶金模，以及各种异形孔和微孔等 2）型腔加工：加工各类型腔模及各种复杂的型腔工件	约占电火花机床总数的30%，典型机床有D7125、D7140等电火花穿孔成形机床

（续）

类别	工艺类型	主要特点	适用范围	备　注
2	电火花线切割加工	1）工具电极为顺电极丝轴线垂直移动着的线状电极 2）工具与工件在两个水平方向同时有相对伺服进给运动	1）切割各种冲模和具有直纹面的零件 2）下料、截割和窄缝加工	约占电火花机床总数的60%，典型机床有DK7725、DK7740数控电火花线切割机床
3	电火花磨削和镗磨加工	1）工具与工件有相对的旋转运动 2）工具与工件间有径向和轴向的进给运动	1）加工精度高、表面粗糙度值小的小孔，如拉丝模、挤压模、微型轴承内环、钻套等 2）加工外圆、小模数滚刀等	约占电火花机床总数的3%，典型机床有D6310电火花小孔内圆磨床等
4	电火花高速小孔加工	1）采用细管（>ϕ0.3mm）电极，管内冲入高压水基工作液 2）细管电极旋转 3）穿孔速度很高（30~60mm/min）	1）线切割穿丝孔加工 2）深径比很大的小孔，如喷嘴等	约占电火花机床总数的2%，典型机床有D703A电火花高速小孔加工机床
5	电火花同步共轭加工	1）成形工具与工件均做旋转运动，但二者角速度相等或成整数倍，相对应接近的放电点可有切向相对运动速度 2）工具相对工件可做纵、横向进给运动	以同步回转、展成回转、倍角速度回转等不同方式，加工各种复杂形面的零件，如高精度的异形齿轮，精密螺纹环规，高精度、高对称度、表面粗糙度值小的内、外回转体表面等	占电火花机床总数不足1%，典型机床有JN-2、JN-8内外螺纹加工机床
6	电火花表面强化与刻字	1）工具在工件表面振动，在空气中放火花 2）工具相对工件移动	1）模具刃口，刀、量具刃口表面强化和镀覆 2）电火花刻字、打印记	占电火花机床总数的1%~2%，典型设备有D9105电火花强化机床等

1.1.6　电火花线切割的原理、特点与应用范围

03　电火花加工特点、分类与线切割概述

电火花线切割加工是电火花加工的一种类型，是直接利用电能和热能对工件进行加工。

1. 线切割加工原理

电火花线切割加工简称为线切割。它是利用不断运动的电极丝作为工具电极，与工件之间产生火花放电，从而将金属蚀除下来，实现轮廓切割的。其工作原理如图 1-3 所示。

2. 线切割加工的特点

1）采用线状电极切割工件，无须制造特定形状的工具电极。

2）电极丝一般都比较细，可加工窄缝与形状复杂的工件。另外由于加工时的金属腐蚀量很少，使材料利用率高，能有效节约贵重金属。

3）采用乳化液或去离子纯净水作为工作液，不会引燃，可实现安全无人加工。

4）采用的电极丝不断运动，使单位长度电极丝的损耗很小，对加工精度影响也小。

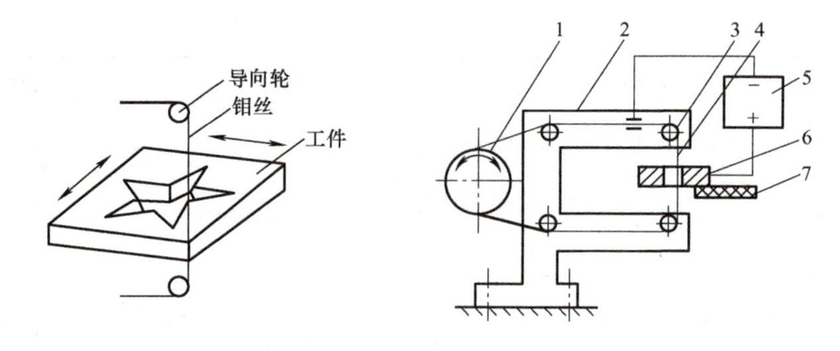

图 1-3 电火花线切割加工原理
1—传动轮 2—支架 3—导向轮 4—钼丝 5—脉冲电源 6—工作 7—绝缘底板

3. 线切割加工的应用范围

由于线切割采用的电极丝很细，所以几乎能够加工出任何平面几何形状的零件，如锥度、上下面异型、形状扭曲的曲面形体等零件，但不能加工不通孔、台阶孔。其主要应用在以下几个方面。

1）加工模具。线切割加工适于加工各种形状的冲模。调整间隙补偿量，只需一次编程就可以切割凸模、凸模固定板、凹模、卸料板等零件。

2）加工零件与试制新产品。在零件制造方面，线切割加工可用于加工零件品种多，数量少的零件，特殊难加工材料的零件（如硬质合金、淬火钢等高硬度、高熔点材料，较贵重材料等）。在试制新产品时，可用线切割直接割出零件，而不用另做模具，以缩短制造周期，降低成本。

3）加工电火花成形加工用的电极。

课题 2 电火花线切割加工的设备类型及组成

04 线切割加工设备类型及组成

1.2.1 电火花线切割加工的设备类型

电火花线切割加工的分类方法有很多种，这里只介绍按切割轨迹分类和走丝速度分类。

1. 按切割轨迹分类

按线切割加工的轨迹可以将其分为直壁切割、锥度切割和上下异形面线切割加工。

（1）直壁切割　直壁切割是指电极丝运行到切割段时，其走丝方向与工作台保持垂直关系。

（2）锥度切割　锥度切割又分为圆锥面切割和斜（平）面切割。锥度切割时，电极丝与工作台有一定斜度，同时工作台要按规定的轨迹运动。

（3）上下异形面切割　在前两种切割中，工件的上下表面的轮廓是相似的，而在上下异形面切割中，工件的上下表面的轮廓是不相似的。例如，上表面是圆形，下表面是矩形（即所谓“天圆地方”），上下表面之间平滑过渡。这种异形面常采用四轴联动的线切割机床加工，工件除了在程序控制下的 X、Y 轴方向的运动外，电极丝的上导轮在水平面内也可以做小范围的运动，即 U、V 轴运动。

2. 按走丝速度分类

按走丝速度分类可分为快走丝线切割机床（也称为高速走丝机床）和慢走丝线切割机床（也称为低速走丝机床）两类，如图 1-4 所示。目前也出现中速走丝线切割机床，其加工特点介于快走丝和慢走丝线切割机床之间。

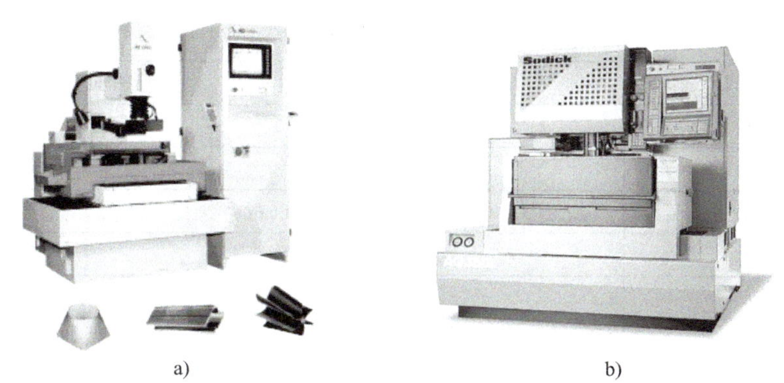

a)　　b)

图 1-4　线切割机床

a）快（高速）走丝机床　b）慢（低速）走丝机床

（1）快（高速）走丝线切割机床（图 1-4a）

1）走丝速度一般为 6~12 m/s。

2）采用钼丝、钨钼合金丝作为电极丝。

3）电极丝往复循环运动直至断丝。

4）加工精度较高，通常为±(0.01~0.02）mm。

5）表面粗糙度为 *Ra*1.25~3.2 μm。

6）切削液为水基工作液、乳化液。

7）冷却方式采用喷注方式。

8）程序使用 3B、G、4B 代码。

（2）慢（低速）走丝线切割机床（图 1-4b）

1）走丝速度一般低于 0.2 m/s。

2）采用黄铜丝、纯铜丝作为电极丝，也有采用镀锌铜丝。

3）电极丝只使用一次。

4）加工精度为±(0.002~0.005）mm。

5）表面粗糙度高于快（高速）走丝线切割机床，一般 *Ra*0.8~1.6 μm。

6）切削液为去离子纯净水、煤油。

7）工件浸入切削液中，采用喷、浸入方式。

8）程序使用 G 代码。

（3）快走丝线切割机床与慢走丝线切割机床的对比　具体见表 1-3。

表 1-3　快走丝切割机床与慢走丝切割机床的比较

机床类型 比较项目	快走丝线切割机床	慢走丝线切割机床
走丝速度/(m/s)	6~12	<0.2

（续）

比较项目 \ 机床类型	快走丝线切割机床	慢走丝线切割机床
电极丝材料	钼、铜钨合金、钼钨合金	黄铜、镀锌材料
电极丝直径/mm	0.04～0.25 常用值 0.12～0.20	0.003～0.3 常用值 0.20
电极丝长度/mm	几百	数千
电极丝运行方式	往复供丝，反复使用	单向供丝，一次性使用
电极丝张力	固定	可调
电极丝抖动	较大	较小
电极丝损耗	加工$(3\sim10)\times10^4$ mm^2 损耗 0.01 mm	不计
走丝机构	较简单	较复杂
导丝方式	导轮	导向器
穿丝方式	手工	手工或自动
切割次数	通常1次	多次
放电间隙/mm	0.01～0.03	0.01～0.08
切削液	乳化液、水基工作液	去离子水、煤油
切削液电阻率/kΩ · cm	0.5～50	10～100
切割速度/(mm^2/min)	20～160	40～80
加工精度/mm	±(0.01～0.02)	±(0.005～0.002)
表面粗糙度 Ra/μm	1.25～3.2	0.8～1.6
加工精度/mm	±(0.01～0.02)	±(0.002～0.005)

1.2.2 电火花线切割加工设备的组成

因电火花线切割加工设备的种类不同，机床结构也有所不同。本节主要讲述我国使用较多的快走丝线切割加工设备的结构。快走丝线切割加工设备主要由机床、脉冲电源、控制系统（数控系统）3大部分组成。

1. 机床

机床是线切割加工设备的主要部分，其结构和制造精度直接影响到加工性能，快走丝线切割机床结构如图1-5所示。一般由床身、工作台、走丝机构、丝架、工作液循环系统等5大部分组成。

（1）床身　床身是支承和固定工作台、走丝机构等的基体。因此，要求床身应有一定的刚度和强度，一般采用箱体式结构。

（2）工作台　目前在电火花线切割机床上采用的坐标工作台，大多为 X、Y 方向线性运动。工作台长方向为 Y 轴，短方向为 X 轴。不论是哪种控制方式，电火花线切割机床最终都是通过坐标工作台与丝架的相对运动来完成零件加工的，坐标工作台应具有很高的坐标精度和运动精度，而且要求运动灵敏、轻巧，一般都采用十字滑板、滚珠导轨，传动丝杠和螺母之间必须消除间隙，以保证滑板的运动精度和灵敏度。

（3）走丝机构　在快走丝线切割加工时，电极丝需要不断地往复运动，这个运动是由走丝机构来完成的。最常见的走丝机构是单滚筒式，电极丝绕在储丝筒上，并由储丝筒做周

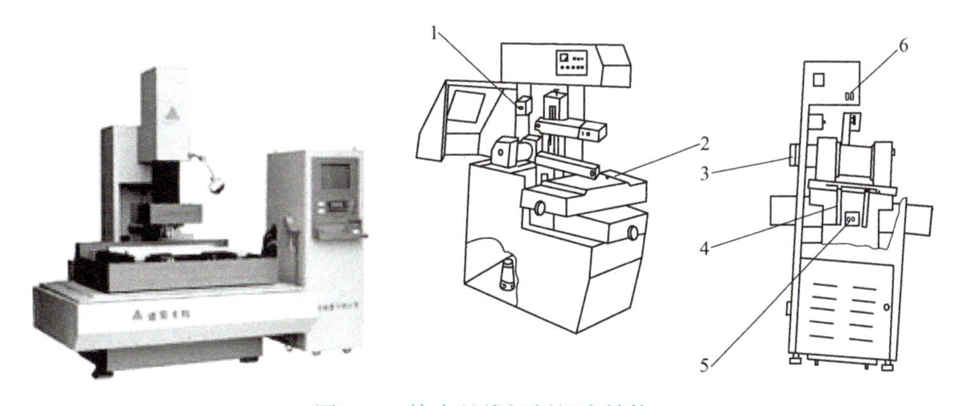

图 1-5　快走丝线切割机床结构

1—上丝机构　2—工作台　3—丝筒电动机　4—撞杆　5—接近开关　6—走丝起停开关

期性的正反旋转使电极丝高速往返运动。储丝筒轴向往复运动的换向及行程长短由无触点接近开关及其撞杆控制（图 1-5 中的 4、5），调整撞杆的位置即可调节行程的长短。

（4）丝架　丝架的主要作用是在电极丝快速移动时，对电极丝起支承作用，并使电极丝工作部分与工作台平面保持垂直。为获得良好的工艺效果，上、下丝架之间的距离宜尽可能小。为了实现锥度加工，最常见的方法是在上丝架的上导轮上加两个小步进电动机，使上丝架上的导轮做微量坐标移动（又称为 *U*、*V* 轴移动），其运动轨迹由计算机控制。

（5）工作液循环系统　工作液循环与过滤装置是电火花线切割机床不可缺少的一部分，其主要包括工作液箱、工作液泵、流量控制阀、进液管、回液管和过滤网罩等。电火花线切割加工必须在工作液中进行，其方式可将被加工工件浸在工作液中，也可以采用电极丝冲液的方式。一般情况下工作液具有以下 5 个方面的要求。

1）工作液应具有一定的绝缘性。绝缘能力过高，介质击穿所耗能量过大，会降低蚀除量，绝缘能力过低，工作液成了导电体，则不能产生火花放电。

2）有较好的冷却性能。

3）有较好的洗涤性能，利于排屑。

4）有较好的防锈性能，利于机床维护和工件防锈。

5）工作液对人体应无害。工作时，不放出有害气体。

不同的工艺条件需要不同的工作液，在慢走丝线切割加工中常采用去离子水和煤油作为工作液；快走丝线切割加工中常采用专用乳化液作为工作液。在快走丝线切割机床中，新配的工作液加工效果并非良好，往往要经过一段时间切割后，加工效果才能达到最佳，但工作液不能太脏，否则容易引起电弧放电，烧坏电极。

2. 脉冲电源

电火花线切割加工用的脉冲电源，其功能是把正弦交流电转变成能适应电火花加工的脉冲电流，以提供电火花加工所需要的放电能量。脉冲电流、电压在瞬间突然变化，作用时间极短，其参数主要有：脉冲幅度（即脉冲电压变化的最大值）、脉冲宽度（脉冲持续放电的时间，即腐蚀工件的时间）、脉冲间隔（电流为零、消电离的时间，即切割中排屑的时间）。图 1-6 所示为脉冲电源及波形图，脉冲幅度为 80 V，脉冲宽度为 8 μs，脉冲间隔为 4 μs。脉冲参数的设置方法参见 1. 6. 3 节，本处不作详细介绍。

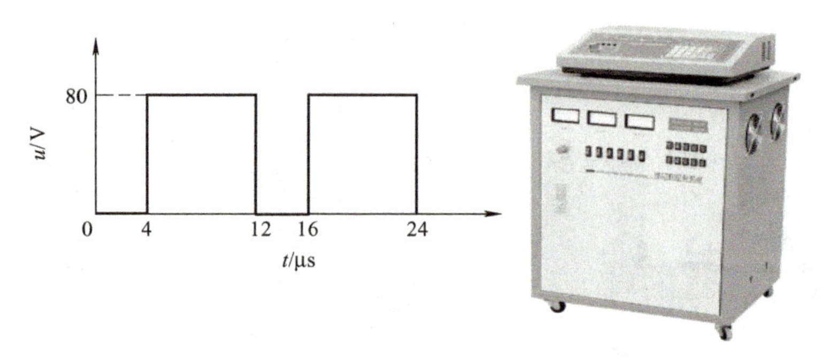

图 1-6　脉冲电源及波形图

为了获得良好的工艺效果，要求脉冲电源具有如下基本功能。

1）脉冲电源必须能输出足够脉冲放电能量，其大小可以在一定范围内调节。

2）产生的脉冲应该是单向脉冲，以利用电火花加工的极性效应，提高生产率，减少工具损耗。

3）脉冲主要参数的大小可以在一定范围内调节，以满足粗加工、半精加工、精加工的需要。

4）在粗加工、半精加工、精加工时都有一定的加工速度和较低的电极损耗。

5）性能稳定可靠，操作简单，维修方便。

3. 控制系统（数控系统）

控制系统在电火花线切割加工中起着重要作用，具体体现在两方面。

（1）轨迹控制作用　它精确地控制电极丝相对于工件的运动轨迹，使零件获得所需的形状和尺寸。

（2）加工控制　它能根据放电间隙大小与放电状态控制进给速度，使之与工件材料的蚀除速度相平衡，保持正常的稳定切割加工。

目前，绝大部分机床采用数字程序控制，并且普遍采用绘图式编程技术，操作者首先在计算机屏幕上画出要加工的零件图，线切割专用软件（如 YH 软件、数码大方的 CAXA 线切割软件）会自动将图形转化为 ISO 代码或 3B 代码等线切割程序。图 1-7 所示为老式的单板机控制面板，图 1-8 所示为计算机数字控制系统。

图 1-7　单板机控制面板

图 1-8　计算机数字控制系统

1.2.3　线切割机床的安全操作规程

05　安全文明生产教育与安全操作规程

1）操作者必须熟悉线切割机床的结构，按设备润滑要求，对机床有关部位注油润滑。

2）操作者必须熟悉线切割加工工艺，严格按照规定顺序操作，防止造成断丝等故障。

3）用手摇柄操作储丝筒后，应及时将手摇柄拔出，防止储丝筒转动时，将手摇柄甩出伤人。

4）在上丝、穿丝操作时，保证电极丝在导轮槽中，并与导电块良好接触。

5）换下来的废丝要放在规定的容器内，防止混入电器和走丝系统中去，造成电器短路、触电和断丝等事故。

6）装夹、校正工件前，应将储丝筒停至两端，防止因操作不当碰断电极丝，造成整筒电极丝报废。

7）装夹工件必须检查丝架是否在规定的行程范围内，防止碰撞丝架和因超行程撞坏丝杠、螺母等传动部件及工作台。

8）检查工作液系统是否正常，确保上下水路畅通，工作液能包住电极丝，防止工作液飞溅，加工前安装好防护罩。

9）开机后，严禁身体同时接触加工电源的两极（床身与工件），防止触电。

10）开机后，随时观察机床的运转情况，发现有不正常现象，及时暂停加工或按下急停开关，并向指导教师反映。

11）机床附近不得放置易燃、易爆物品，防止电火花引起事故。

课题 3　线切割手工编程与调试

1.3.1　3B 代码编程

国内线切割程序常用格式有：3B（个别扩充为 4B 或 5B）格式和 ISO 格式。其中慢走丝线切割机床普遍采用 ISO 格式，快走丝线切割机床大部分采用 3B 格式，其发展趋势是采用 ISO 格式（如北京阿奇（AGIE）公司生产的快走丝线切割机床）。本节主要介绍 3B 格式程序编制。

06　3B 直线编程

1. 3B 代码程序格式

线切割加工轨迹图形是由直线和圆弧组成的，它们的 3B 程序指令格式见表 1-4。

表 1-4　3B 程序指令格式

B	X	B	Y	B	J	G	Z
分隔符	X 坐标值	分隔符	Y 坐标值	分隔符	计数长度	计数方向	加工指令

注意：B 为分隔符，它的作用是将 X、Y、J 数值区分开；X、Y 为增量（相对）坐标值；J 为加工线段的计数长度；G 为加工线段计数方向；Z 为加工指令。

提示：不论是直线编程还是圆弧编程，在编程过程中，X、Y、J均为数值，数值单位取微米（μm），如有小数，则应四舍五入，保留三位小数。

2. 直线的编程

（1）X、Y值的确定　以直线的起点为原点，建立正常的直角坐标系，X、Y表示直线终点的绝对值坐标，单位为μm。

注意：若直线与X或Y轴重合，为区别一般直线，X，Y均可写作0，也可以不写。

例如，图1-9a所示的轨迹形状，试写出图1-9b～d中各终点的X、Y值（注：在本书图形所标注的尺寸中若无特别说明，单位都为mm）。

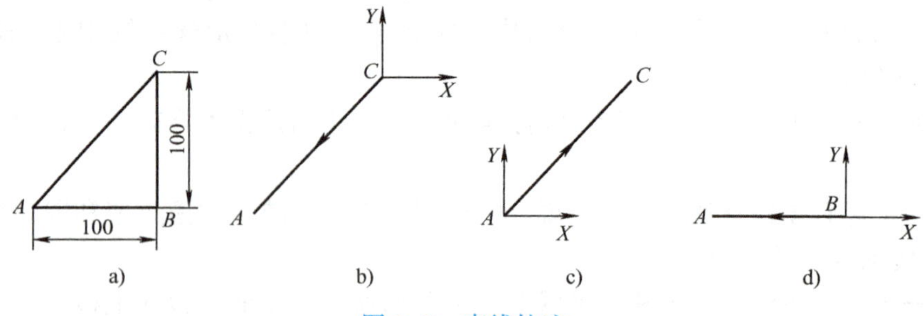

图1-9　直线轨迹

根据图1-9b～d所建的坐标系，可得图1-9b的终点坐标为A（100000，100000）；图1-9c的终点坐标为C（100000，100000）；图1-9d的终点坐标为A（100000，0），编程时也可看作A（0，0）。

（2）G的确定　G用于确定加工时的计数方向，分为GX和GY。直线的计数方向取直线的终点坐标值中较大值的方向，即当直线终点坐标值$X>Y$时，取G=GX；当直线终点坐标值$X<Y$时，取G=GY；当直线终点坐标值$X=Y$时，直线在一、三象限时取G=GY，在二、四象限时，取G=GX。G的确定如图1-10所示。

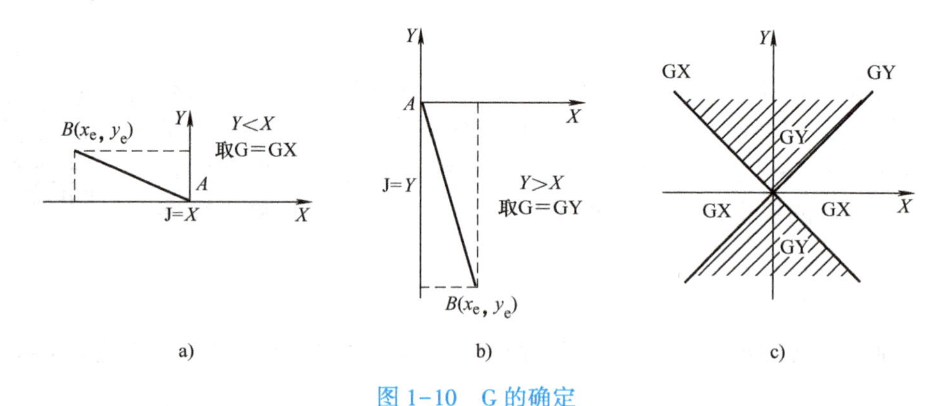

图1-10　G的确定

（3）J的确定　J为计数长度，以μm为单位。以前编程应写满六位数，不足六位时前面补零，现在的机床基本上可以不用补零。

J的取值方法为：由计数方向G确定投射方向，若G=GX，则将直线向X轴投射得到长度的绝对值，即为J的值；若G=GY，则将直线向Y轴投射得到长度的绝对值，即为J的值。

直线编程时，可直接取直线终点坐标值中的较大值。即 $X>Y$ 时，J=X；$X<Y$ 时，J=Y；$X=Y$ 时，J=$X=Y$。

（4）Z 的确定　加工指令 Z 按照直线走向和终点的坐标不同，可分为 L1、L2、L3、L4，其中与+X 轴重合的直线算作 L1，与−X 轴重合的直线算作 L3，与+Y 轴重合的直线算作 L2，与−Y 轴重合的直线算作 L4，具体可参考图 1-11。

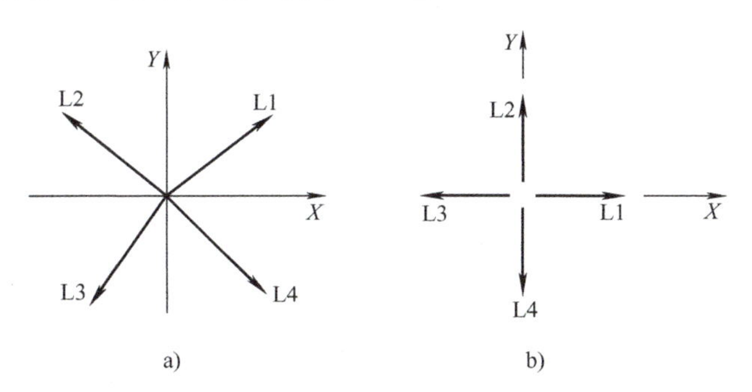

图 1-11　Z 的确定

3. 直线编程的步骤及实例

1）建立坐标系：以所编程直线的起点为坐标原点建立直角坐标系。

2）确定坐标（X，Y）：X，Y 为直线终点坐标（取绝对值，单位为 μm）。

3）判定计数方向（G）：计数方向取直线终点坐标中较大值的方向，当直线终点坐标值 $X=Y$ 时，直线在一、三象限时取 G=GY，在二、四象限时取 G=GX。

4）确定计数长度（J）：取直线终点坐标（X，Y）值中的大值，若 $X=Y$ 时，可任取。

5）确定加工指令（Z）：（直线有 4 种）L1、L2、L3、L4。

[例 1.1]　不考虑间隙补偿和工艺，编制如图 1-12 所示直线的程序。

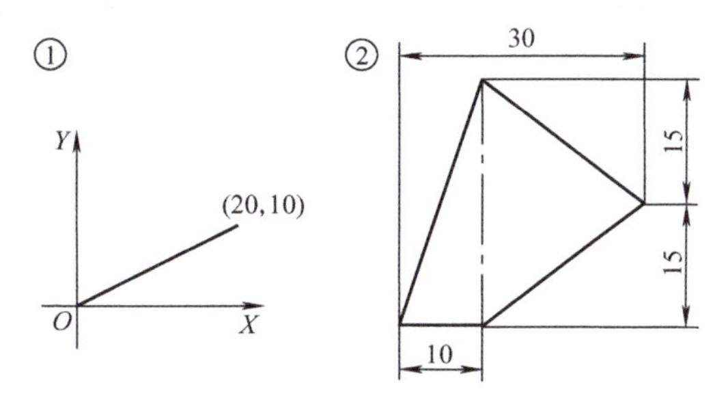

图 1-12　直线编程图

① 图程序：　B20000　B10000　B20000　GX　L1

② 图程序：以左下角点为起始切割点逆时针方向编制的程序为

B10000	B0	B10000	GX	L1
B20000	B15000	B20000	GX	L1
B20000	B15000	B20000	GX	L2
B10000	B30000	B30000	GY	L3

技巧：与 X 或 Y 轴重合的直线，编程时 X、Y 均可写作 0，也可省略不写。

例如：B10000　B0　B10000　GX　L1 可简写成：B　B　B10000　GX　L1。

作业练习：完成如图1-13所示图形的编程。

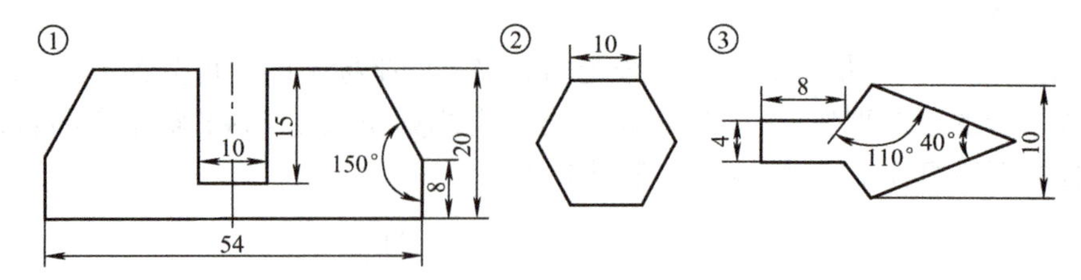

图1-13 直线练习题

4. 圆弧的编程

（1）X，Y值的确定 以圆弧的圆心为原点，建立正常的直角坐标系，X，Y表示圆弧起点坐标的绝对值，单位为μm。如在图1-14a中，起点A的坐标绝对值为$X=30000$，$Y=40000$；在图1-14b中，起点B的坐标绝对值为$X=40000$，$Y=30000$。

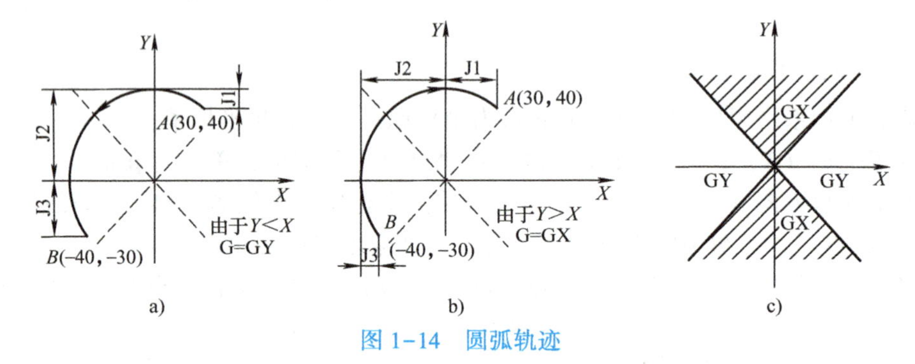

图1-14 圆弧轨迹

（2）G的确定 圆弧的计数方向取圆弧终点坐标值中较小值的方向，即当圆弧终点坐标值$X>Y$时，取G=GY（图1-14a）；当圆弧终点坐标值$X<Y$时，取G=GX（图1-14b）；当圆弧终点坐标值$X=Y$时，在一、三象限时取G=GX，在二、四象限时取G=GY。

由上可见，圆弧计数方向由圆弧终点坐标绝对值的大小决定，其确定方法与直线刚好相反，具体如图1-14c所示。

（3）J的确定 圆弧编程中J的取值方法：由计数方向G确定投射方向，若G=GX，则将圆弧向X轴投射；若G=GY，则将圆弧向Y轴投射。J值为各个象限圆弧投影长度绝对值的和。例如图1-14a、b所示的J1、J2、J3，则J=|J1|+|J2|+|J3|。

（4）Z的确定 由圆弧起点所在象限和圆弧加工走向确定。按切割的走向可分为顺圆S和逆圆N，于是共有8种指令：SR1、SR2、SR3、SR4、NR1、NR2、NR3、NR4，具体可参考表1-5和图1-15。

表1-5 圆弧加工指令

	第一象限	第二象限	第三象限	第四象限
逆圆	NR1	NR2	NR3	NR4
顺圆	SR1	SR2	SR3	SR4

5. 圆弧编程步骤及实例

1）建立坐标系：以圆弧的圆心为坐标系的原点建立直角坐标系。

2）确定圆弧的起点和终点。

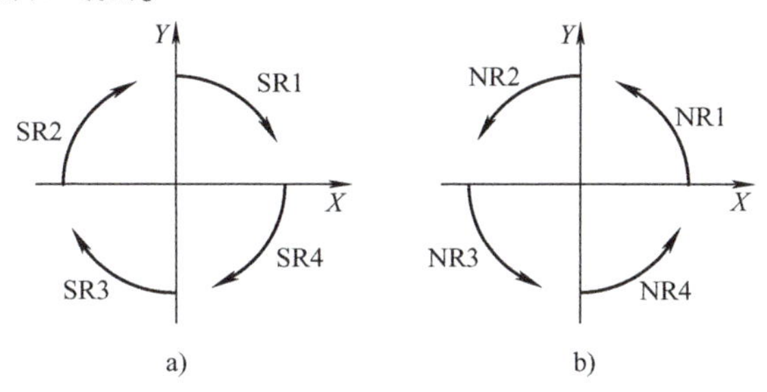

图 1-15　Z 的确定

3）X、Y 为圆弧的起点坐标。

4）计数方向（G）由圆弧终点坐标的较小值确定，当圆弧终点坐标值 $X=Y$，终点在一、三象限时取 G=GX，在二、四象限时取 G=GY。

5）计数长度（J）：被加工圆弧在计数方向上投影长度的总和。当被加工圆弧跨越几个象限时，计数长度为每个象限的圆弧在计数方向上投影长度的总和。

6）加工指令 Z：由圆弧起点所在象限和圆弧加工走向确定。

[**例 1.2**]　不考虑工艺，编制如图 1-16 所示圆弧的程序。

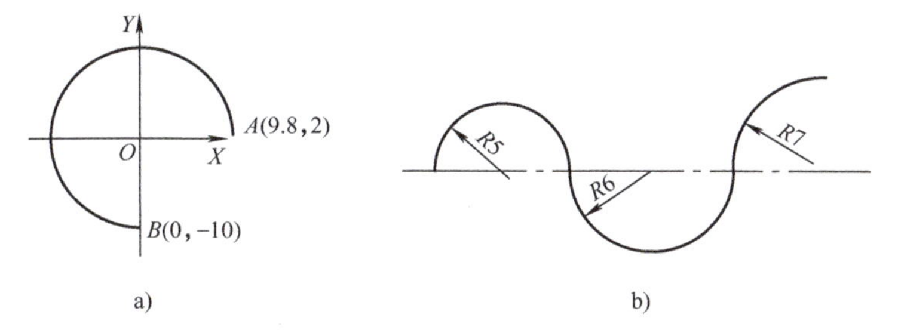

图 1-16　圆弧编程图

图 1-16a 的程序：

(A→B)　B9800　B2000　B29800　GX　NR1

(B→A)　B0　B10000　B28000　GY　SR3

图 1-16b 的程序：

B5000　B　B10000　GY　SR2

B6000　B　B12000　GY　NR3

B7000　B　B7000　GX　SR2

作业练习 2：完成如图 1-17 所示图形的编程。

6. 程序的调试方法

CNC2 系统是北京迪蒙卡特机床有限公司线切割机床控制软件，以下将介绍该系统的使用方法：

08　CNC2 系统程序调试

（1）建立文件夹　文件夹一般建立在保存程序文件的盘符中，文件夹名称只能为数字和字母。（注：本书指定 F 盘作为学生盘）

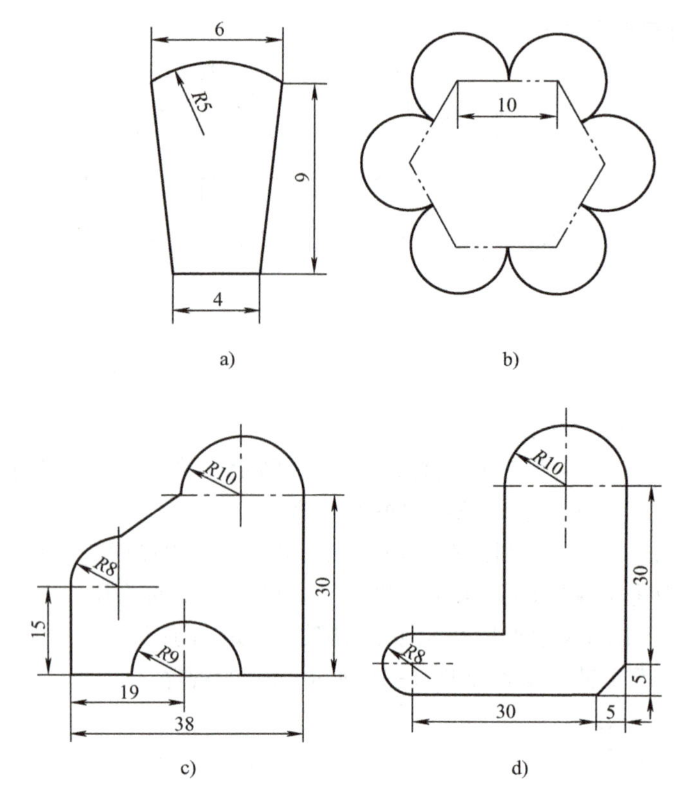

图 1-17 直线与圆弧编程练习题

(2) 打开 CNC2 系统 双击打开 CNC2 软件，进入主菜单，按〈Enter〉键，选择“进入加工状态”，再按〈Enter〉键，进入“无锥度加工”界面。

(3) 程序的输入 在主界面状态中，按〈F3〉键选择“加工文件”，输入程序的保存路径及程序名，文件夹及程序名不能为中文，格式为“F:\文件夹\程序名.3b”。输入后按〈Enter〉键，系统提示“输入的文件名不存在”，因前面建立的文件夹为空，所以按〈E〉键选择“编辑程序”，进入程序编辑窗口。在输入程序时应使用空格键，使每行程序中的字母上下对齐，方便检查。程序输入完后，按〈Esc〉键退出，再按〈Y〉键保存。

(4) 程序轨迹显示 按〈F5〉键图形显示，可显示出所输入程序的轨迹线。按〈F7〉键加工预演，可显示程序的加工运行动画。

(5) 检查程序错误与修改 按〈F5〉键图形显示，查看程序的轨迹线是否正确。如果系统提示程序某行有错误，按〈Esc〉键退出，再按〈F4〉键编程，进入程序编辑窗口修改程序，修改完成后按〈Esc〉键退出，再按〈Y〉键保存。

如果图形显示正确，按〈Esc〉键退出图形显示，按〈F7〉键加工预演，通过加工路径动画演示检查程序是否正确；在动画演示时，可按〈F1〉键本条暂停，机床坐标会反映出当前程序终点处的坐标，可根据机床坐标检查程序是否正确；封闭图形程序在加工预演结束后，机床坐标会归零，非封闭图形程序在加工预演结束后，机床坐标会显示出整个图形的终点相对起点的坐标。如果程序有错误，根据系统提示，按任意键结束，按〈F4〉键编程，进入程序编辑窗口修改程序。

(6) 第二个程序的输入 在“无锥度加工”界面，按〈F3〉键加工文件，输入“F:\文件夹\程序名.3b”（注意：第二个程序名和第一个不能重名），按〈Enter〉键，按〈E〉

键选择“编辑程序”，进入程序编辑窗口。输入第二个程序。

（7）程序的调出　在“无锥度加工”界面，按〈F3〉键加工文件，输入要调取的程序路径及名称即可，按〈F4〉键编程，可显示出程序。

（8）CNC2 软件的退出　在“无锥度加工”界面，按〈Esc〉键返回到主菜单，选择“进入自动编程”，按〈Enter〉键退出。

1.3.2　G 代码编程

1. 程序格式

（1）字　某个程序中安排字符的集合称为字，程序段是由各种字组成的。

一个字由一个地址（用字母表示）和一组数字组合而成。如 G01 总称为字，G 为地址，01 为数字组合，如图 1-18 所示。

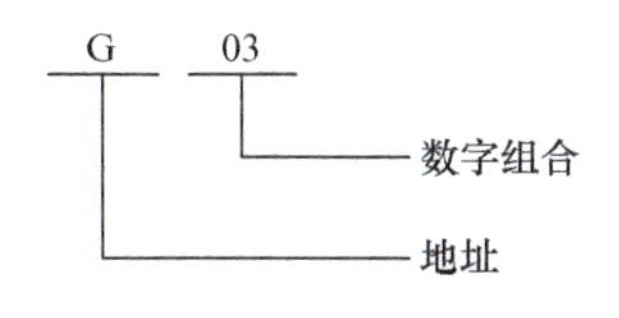

图 1-18　字的意义

（2）程序号　每一个程序必须指定一个程序号，并编在整个程序的开始。程序号的地址为英文字母开头（通常设为 O、P、%等），后跟 4 位数字，可编的范围为 0001~9999。

（3）程序段　能够作为一个单位来处理的一组连续的字，称为程序段，一个程序由多个程序段组成，一个程序段就是一个完整的数控信息，程序段由程序段号及各种字组成。如：“N0010　G92　X0.000　Y60.000;”。

程序段编号范围为 N0001~N9999，程序段号通常以每次递增 1 以上的方式编号，如 N0010、N0020、N0030 等。每次递增 10，其目的是留有插入新程序的余地，即如果在 N0010 与 N0020 之间遗留某一段程序，可用 N0011~N0019 间任何一个程序段号插入。

（4）G 功能　G 功能是设立机床方式或控制系统工作方式的一种命令，其后续数字一般为两位数（00~99），如 G54、G01、G02 等。

（5）尺寸坐标字　尺寸坐标字主要用于指定坐标移动的数据。其地址符为：X、Y、Z、U、V、W、P、Q、A 等。例如：X、Y、Z 指定到达点的直线坐标尺寸；I、J、K 指定圆弧中心坐标的数据；A 指定锥面加工角度的数据。

（6）T　用于指定有关机械控制的事项，如 T80 表示送丝，T81 表示停止送丝。

（7）D、H　用于指定补偿量。如 D0001 或 H001 表示取 1 号补偿值。

（8）L　用于指定子程序的循环执行次数，可以在 0~9999 之间指定一个循环次数。如 L5 表示做 5 次循环。

（9）M（辅助功能）　用于控制数控机床中辅助装置的开关动作或状态，其后续数字一般为两位数（00~99），如 M00 表示暂停程序运行。

2. 准备功能（G 功能）

（1）G90（绝对坐标指令）

1）格式：G90。

2）说明：采用本指令后，后续程序段的坐标值都应按绝对方式编程，即所有点的表示数值都是在编程坐标系中的点坐标值，直到执行 G91 为止。

如图1-19所示，若采用绝对坐标指令（G90），则

从 *A*→*B* 的尺寸坐标值为 X100，Y50；

从 *B*→*C* 的尺寸坐标值为 X100，Y100；

从 *C*→*D* 的尺寸坐标值为 X50，Y100；

从 *D*→*A* 的尺寸坐标值为 X50，Y50。

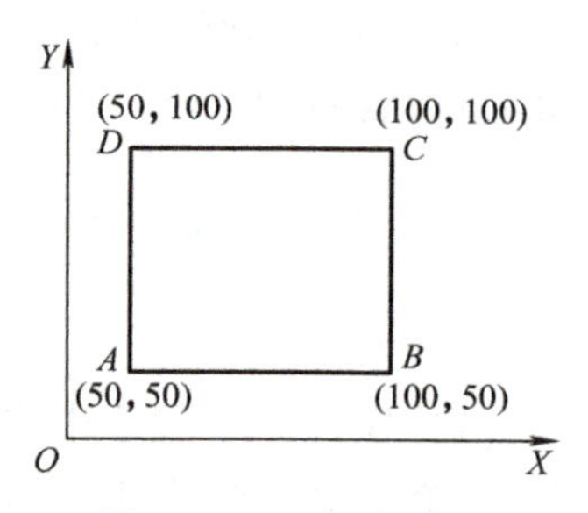

图1-19 矩形轮廓图

（2）G91（相对坐标指令）

1）格式：G91。

2）说明：采用本指令后，后续程序段的坐标值都应按增量方式编程，即所有点的表示数值均以前一个坐标位置作为起点来计算运动终点的位置矢量，直至执行G90指令为止。

如图1-19所示，若采用相对坐标指令（G91），则

从 *A*→*B* 的尺寸坐标值为 X50，Y0；

从 *B*→*C* 的尺寸坐标值为 X0，Y50；

从 *C*→*D* 的尺寸坐标值为 X-50，Y0；

从 *D*→*A* 的尺寸坐标值为 X0，Y-50。

（3）G54（坐标设定）

1）格式：G54。

2）说明：G54是程序坐标系设置指令。一般以零件原点作为程序的坐标原点。程序零点坐标存储在机床的控制参数区。程序中不设置此坐标系，而是通过G54指令调用。

（4）G92（设置当前点坐标）

1）格式：G92。

2）说明：G92是设置当前电极丝位置的坐标值的指令。G92后面跟的 *X*、*Y* 坐标值为当前点的坐标值。

（5）G00（快速定位）

1）格式：G00 X Y

2）说明：X、Y为目标点坐标。用G90绝对方式编程时，其值为目标点相对于坐标原点的坐标值；用G91增量方式编程时，其值为目标点相对于起点的增量坐标值。

快速定位指令G00是使电极丝按机床最快速度沿直线移动到目标位置。其速度取决于机床。

[例1.3] 如图1-20所示，电极丝从 *A* 点快速移动到 *B* 点，试分别用绝对方式和增量方式编程。

已知：起点 *A* 的坐标为 X40，Y10，终点 *B* 的坐标为 X60，Y40。

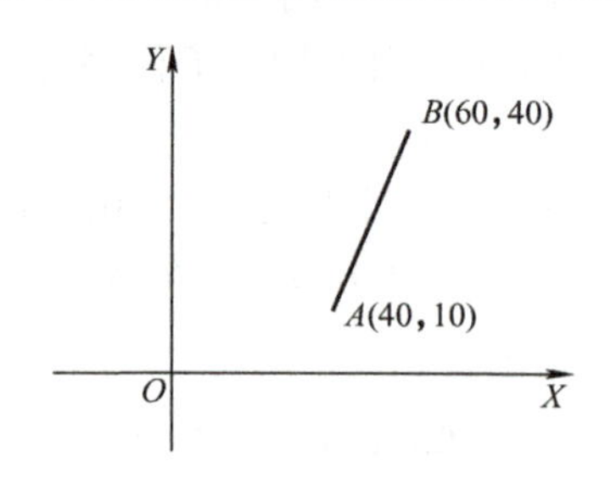

图1-20 直线 *AB* 在坐标系中的位置

按绝对方式编程：

N0010 G90；

N0020 G00 X60 Y40；

按增量方式编程：

N0010 G91；

N0020 G00 X20 Y30；

注意：

1）不运动的坐标可以省略不写；

2）目标点的坐标可以用绝对值，也可用增量值，正号应省略。

（6）G01（直线插补）

1）格式：G01　X　Y

2）说明：X、Y 为直线的目标点坐标。用 G90 绝对方式编程时，其值为目标点相对于坐标原点的坐标值；用 G91 增量方式编程时，其值为目标点相对于起点的增量坐标值。

直线插补指令 G01 是使电极丝从当前位置以进给速度移动到目标位置。

[例 1.4]　如图 1-21 所示，电极丝从 *A* 点以进给速度移动到 *B* 点，试分别用绝对方式和增量方式编程。

已知：起点 *A* 的坐标为 X20，Y-45，终点 *B* 的坐标为 X80，Y-15。

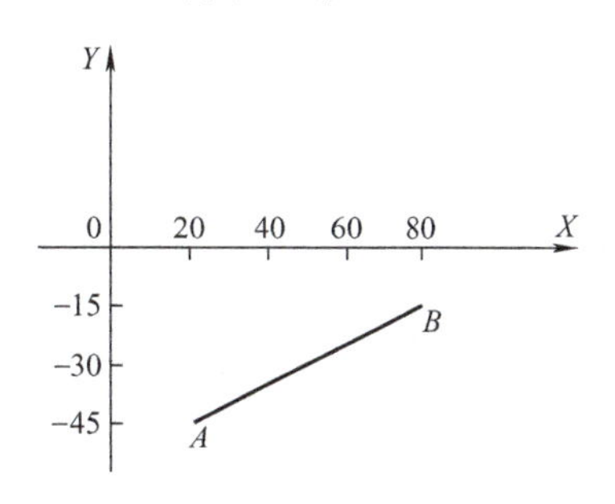

图 1-21　直线 *AB* 在坐标系中的位置

按绝对方式编程：

N0020　G90；

N0030　G01　X80　Y-15；

按增量方式编程：

N0020　G91；

N0030　G01　X60　Y30；

（7）G02、G03（圆弧插补）

1）格式：G02　X　Y　I　J

或 G02　X　Y　R

　G03　X　Y　I　J

或 G03　X　Y　R

2）编程参数说明。

① G02 和 G03 指令用于切割圆或圆弧，其中 G02 为顺时针切割，G03 为逆时针切割（图 1-22）。

② X、Y 为圆弧终点的坐标值。用绝对方式编程时，其值为圆弧终点的绝对坐标；用增量方式编程时，其值为圆弧终点相对于起点的坐标。

③ I、J 为圆心坐标。用绝对方式或增量方式编程时，I 和 J 的值分别是在 *X* 方向和 *Y* 方向上，圆心相对于圆弧起点的距离。

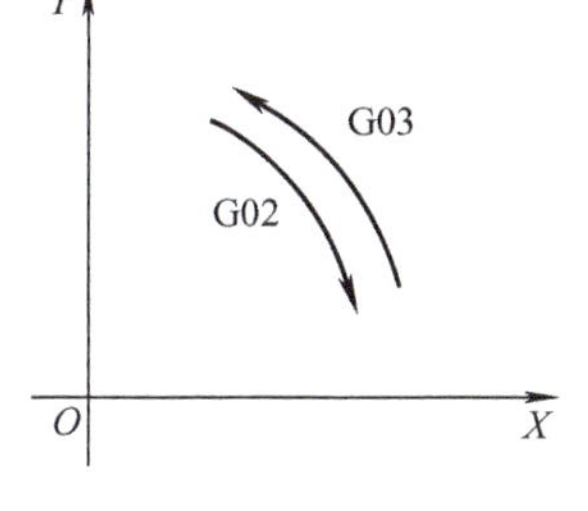

图 1-22　圆弧方向示意图

[例 1.5]　切割如图 1-23 所示的圆弧 *A*→*B*。

按绝对方式编程：

N0010　G90；

N0020　G03　X20.0　Y40.0　I-30.0　J-10.0；

按增量方式编程：

N0010　G91；

N0020　G03　X-20.0　Y20.0　I-30.0　J-10.0；

注意：I、J 在绝对编程方式和增量方式下，其值是相同的。

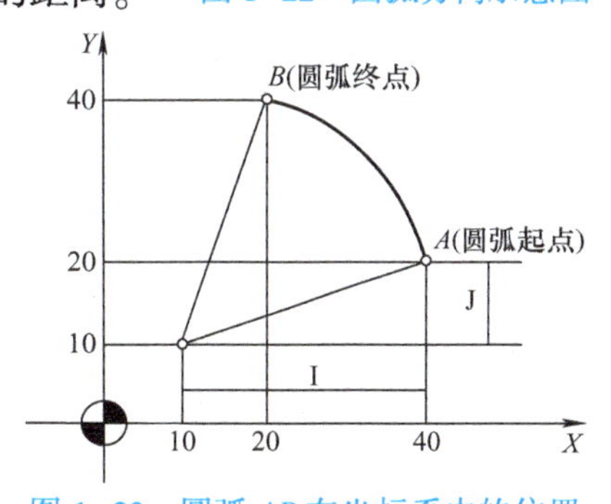

图 1-23　圆弧 *AB* 在坐标系中的位置

④ 在圆弧编程中，也可以直接给出圆弧的半径 *R*，而无须计算 I 和 J 的值。但在圆弧圆心角>180°时，*R* 的值应加负号（-）。

[例1.6] 切割如图1-24所示的圆弧 $A \to B$（圆心角<180°）。

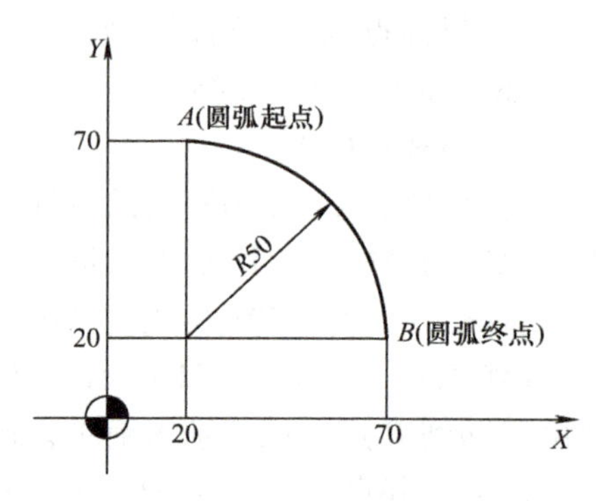

图1-24 圆弧 *AB* 在坐标系中的位置

按绝对方式编程：

N0010 G90;

N0020 G02 X70.0 Y20.0 R50.0;

按增量方式编程：

N0010 G91;

N0020 G02 X50.0 Y-50.0 R50.0;

⑤ 对于整圆，要用I和J方式编程，不能用R方式编程。

[例1.7] 切割如图1-25所示的整圆。

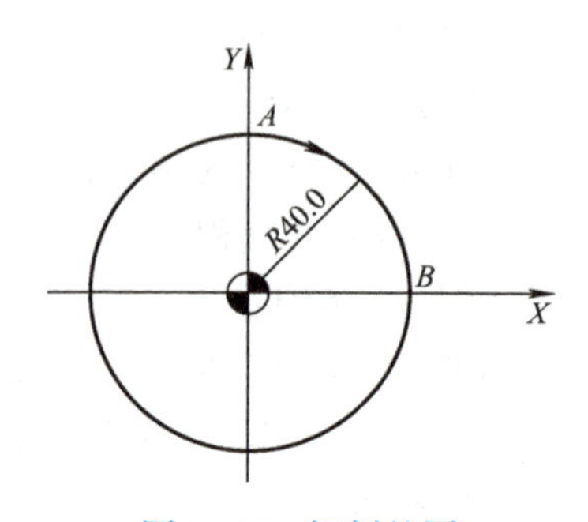

图1-25 切割整圆

以 *A* 点为起点顺时针加工圆周。

按绝对方式编程：

N0010 G90;

N0020 G02 X0 Y40.0 J-40.0;

按增量方式编程：

N0010 G91;

N0020 G02 J-40.0;

从 *B* 点出发顺时针加工圆周。

按绝对方式编程：

N0010 G90;

N0020 G02 X40 Y0 I-40.0;

按增量方式编程：

N0010 G91;

N0020 G02 I-40.0;

注意：*X*、*Y* 省略的场合，表示始点与终点相同，即表示切割一个360°的整圆。

（8）G40、G41、G42（电极丝半径补偿）

1）格式：G40（取消电极丝补偿）；
G41（电极丝左补偿）；
G42（电极丝右补偿）。

2）说明：

① G41（左补偿）是指加工轨迹以进给方向为正方向，沿轮廓左侧让出一个给定的偏移量，如图1-26所示。

② G42（右补偿）是指加工轨迹以进给方向为正方向，沿轮廓右侧让出一个给定的偏移量（图1-26）。

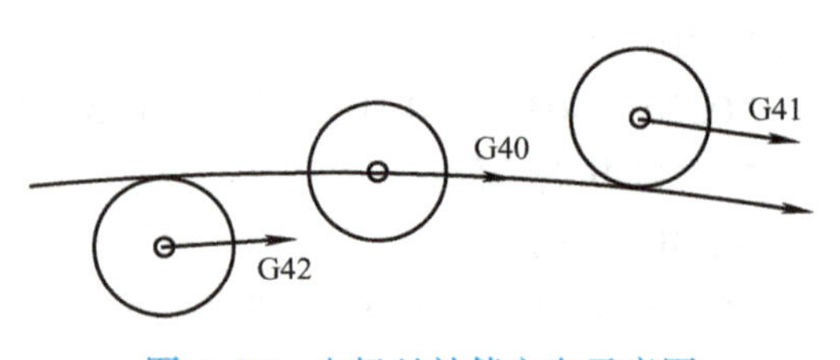

图1-26 电极丝补偿方向示意图

③ G40（取消补偿）是指关闭左、右补偿方向（图1-26）。另外，也可以通过开启一个补偿指令代码关闭另一个补偿指令代码。

3. 指定有关机械控制（T 功能）

开走丝（T86）：T86 指令是控制机床走丝的开启。

关走丝（T87）：T87 指令是控制机床走丝的结束。

切削液开（T84）：T84 指令是控制打开切削液阀门开关，开始开放切削液。

切削液关（T85）：T85 指令是控制关闭切削液阀门开关，停止开放切削液。

4. 辅助功能（M 功能）

（1）程序暂停指令（M00）　程序暂停指令（M00）是暂停程序的运行，等待机床操作者的干预，如检验、调整、测量等。等干预完毕后，按机床上的“起动”按钮，即可继续执行程序暂停指令后面的加工程序。

（2）程序停止指令（M02）　程序停止指令（M02）是结束整个程序的运行，停止所有的 G 功能及与程序有关的一些运行开关，如切削液开关、走丝开关、机械手开关等，使机床处于原始禁止状态，电极丝处于当前位置。如果要使电极丝停在机床零点位置，则必须使机床回零。

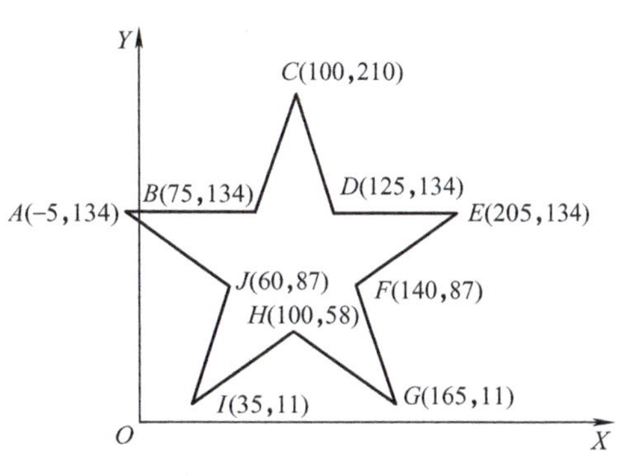

图 1-27　五角星编程示意图

5. G 代码程序编制举例

[例 1.8]　线切割如图 1-27 所示的五角星，试用 G 代码编程（不考虑电极丝直径及放电间隙）。

编程如下：

```
N0010  G90                    ;采用绝对方式编程
N0020  T84   T86              ;开启切削液、开启走丝
N0030  G92   X0     X0        ;设定当前电极丝位置为(0,0)
N0040  G00   X-5    Y134      ;电极丝快速移至A点
N0050  G01   X75    Y134      ;A→B
N0060        X100   Y210      ;B→C
N0070        X125   Y134      ;C→D
N0080        X205   Y134      ;D→E
N0090        X140   Y87       ;E→F
N0100        X165   Y11       ;F→G
N0110        X100   Y58       ;G→H
N0120        X35    Y11       ;H→I
N0130        X60    Y87       ;I→J
N0140        X-5    Y134      ;I→A
N0150  G00   X0     Y0        ;电极丝快速回原点
N0160  T85   T87              ;关闭切削液、关闭走丝
N0170  M02                    ;程序结束
```

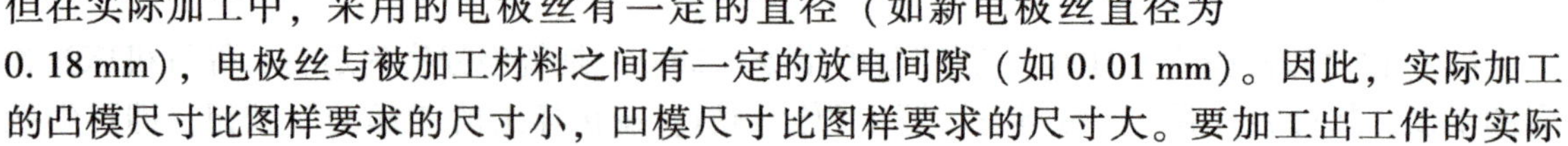

课题4 线切割工艺

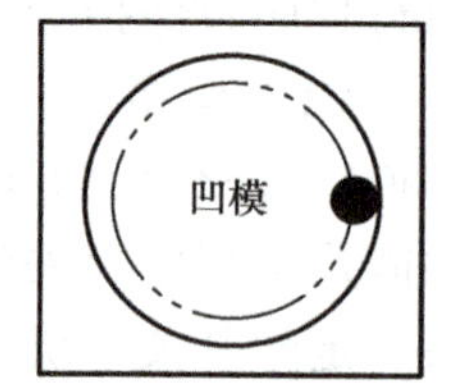

1.4.1 偏移量的确定

线切割编程都是以电极丝中心按照图样的实际轮廓进行编程的。但在实际加工中，采用的电极丝有一定的直径（如新电极丝直径为0.18 mm），电极丝与被加工材料之间有一定的放电间隙（如0.01 mm）。因此，实际加工的凸模尺寸比图样要求的尺寸小，凹模尺寸比图样要求的尺寸大。要加工出工件的实际外形轮廓（即凸模类零件），电极丝中心轨迹应向外偏移；要加工实际内孔尺寸（即凹模类零件），电极丝中心轨迹应向内偏移。电极丝偏移方向的选择如图1-28所示。

图1-28 电极丝偏移方向的选择

1. 基准件偏移量

基准件是指按图样要求加工，符合图样尺寸要求的零件。基准件偏移量公式为

基准件偏移量(补偿值)=实际电极丝半径+单边放电间隙

按电极丝中心运动轨迹线尺寸来编程（圆弧与直线相切处没有补偿值）。

例如：编制如图1-29a所示的凸模程序。已知钼丝直径为0.18 mm，单边放电间隙为0.01 mm，以*A*点为起始切割点逆时针方向编写程序。

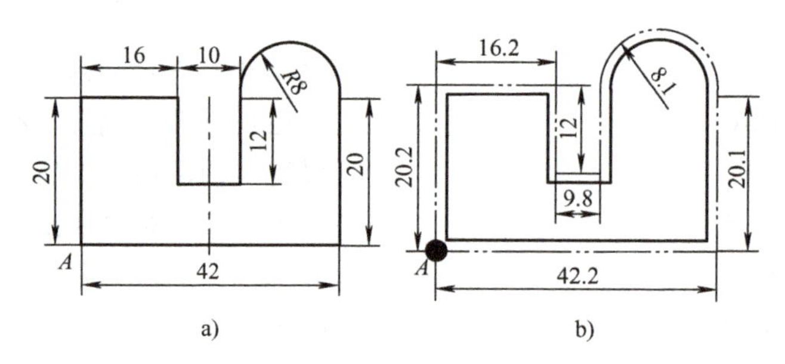

图1-29 零件图与轨迹图

a）零件图 b）轨迹图

步骤：先画出电极丝偏移后的切割轨迹线，如图1-29b所示细双点画线，并计算出切割轨迹线的尺寸，最后按照偏移后的电极丝切割轨迹线尺寸编程。

程序如下：

```
B42200  B0      B42200  GX  L1
B0      B20100  B20100  GY  L2
B8100   B0      B16200  GY  NR1
B0      B11900  B11900  GY  L4
B9800   B0      B9800   GX  L3
B0      B12000  B12000  GY  L2
B16200  B0      B16200  GX  L3
```

B0　　B20200　B20200　GY　L4

2. 配合件偏移量

配合件是指与基准件按一定的关系配合的零件。如在冷冲模中，以凸模为基准件，凹模、固定板、卸料板、推板均为配合件。根据公差配合关系，配合件偏移量的计算如下。

（1）间隙配合　配合件偏移量=基准件偏移量-单边配合间隙。当配合件偏移量为负值时，凸模向内偏移，凹模向外偏移。

（2）过盈配合　配合件偏移量=基准件偏移量+单边过盈量。

（3）过渡配合　基准件与配合件的公差带互相交叠，可能具有间隙，也可能具有过盈的配合。因此在计算配合件偏移量时根据公差计算出最优尺寸，然后确定是间隙配合还是过盈配合，再计算出配合件偏移量。

1.4.2 引入线、引出线位置与加工路线的选择

1. 起始切割点（引入线的终点）的确定

加工中，由于电极丝切入到起始点时很容易造成加工痕迹，使工件精度受到影响，所以为了避免这一影响，起始切割点的选择原则如下。

1）当被加工表面的表面粗糙度不一致时，应在表面粗糙的面上选择起始切割点。

2）当被加工表面的表面粗糙度相同时，应尽量选择截面的交点作为起始切割点。优先选择直线与直线的交点、直线与圆弧的交点、圆弧与圆弧的交点。

3）对于工件各个切割面既无技术要求的差异，又无型面交点的工件，起始切割点应尽量选择在钳工容易修复的位置。

4）避免将起始切割点选择在应力集中的夹角处，以防止造成断丝、短路。

2. 引入线、引出线位置与切割路线的确定

对于电火花线切割加工，在选择加工线路时，应尽量避免产生刀痕和保持工件、毛坯的结构刚性，避免因工件强度下降或材料内部应力的释放而引起变形。其切割路线选择与工件的装夹有关。选择原则是使工件与其夹持部位分离的切割段安排在总的切割程序末端。凸模引入线长度一般取 3~5 mm，引出线一般与引入线重合。

例如：切割如图 1-30 所示的凸模零件，图 1-30b 较图 1-30a 更合理，引出线一般与引入线重合。

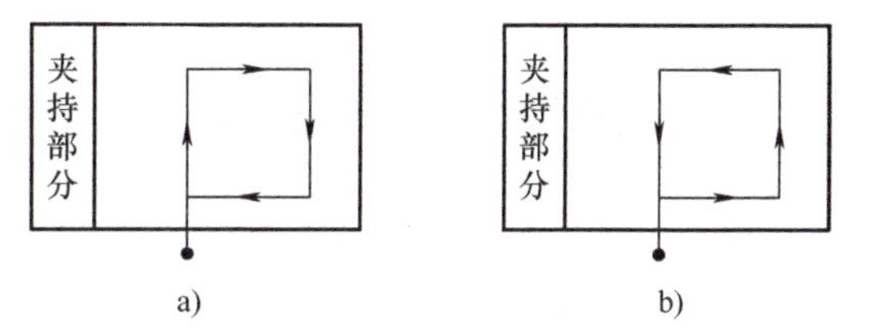

图 1-30　凸模引入线位置选择
a）不合理　b）合理

3. 穿丝孔位置的确定

穿丝孔是电极丝相对工件运动的起点，同时也是程序执行的起点，故也称为程序原点。

1）穿丝孔应选在容易找正，并在加工过程中便于检查的位置。

2）切割凸模时，一般不需要钻穿丝孔，直接从材料外切入，如图 1-31a 所示，引入线长度一般取 3~5 mm。当材料较厚，应力较大，加工中易变形时，切割凸模类零件应尽量避免从材料外向里切割，最好从预钻的穿丝孔切割，保证工件、毛坯的结构刚性，防止变形，凸模穿丝孔位置可选在加工轨迹的拐角附近以简化编程。加工轨迹与毛坯边缘距离应大于

5 mm，如图 1-31b～d 所示。

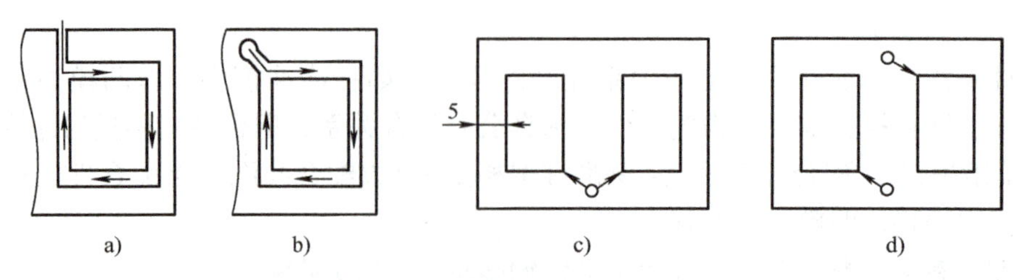

图 1-31 凸模穿丝孔位置选择

3）切割凹模等零件的内表面时，一般穿丝孔位置也是加工基准，其位置还必须考虑运算和编程的方便，通常设置在工件对称中心或轮廓线的延长线上；起始切割点（引入线的终点）的选取原则除考虑上述原则外，还应考虑选取最短路径切入且钳工容易修复的位置；穿丝孔设置在工件对称中心时切入行程较长，大型工件不宜采用。此时，为缩短切入行程，穿丝孔应设置在靠近加工轨迹的已知坐标点上，如图 1-32 所示的 *B* 点。

4）在加工大型工件时，还应沿加工轨迹设置多个穿丝孔，以便发生断丝时能就近重新穿丝，再切入断丝点。

作业：电极丝直径为 0.18 mm，单边放电间隙为 0.01 mm。考虑间隙补偿并加引入线、引出线，试编制如图 1-33 所示凸模、凹模的程序。

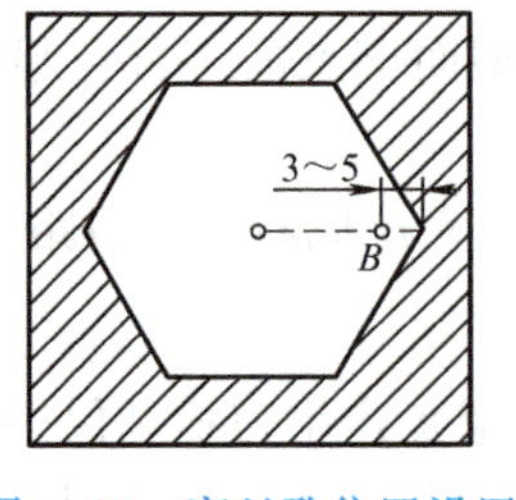

图 1-32 穿丝孔位置设置

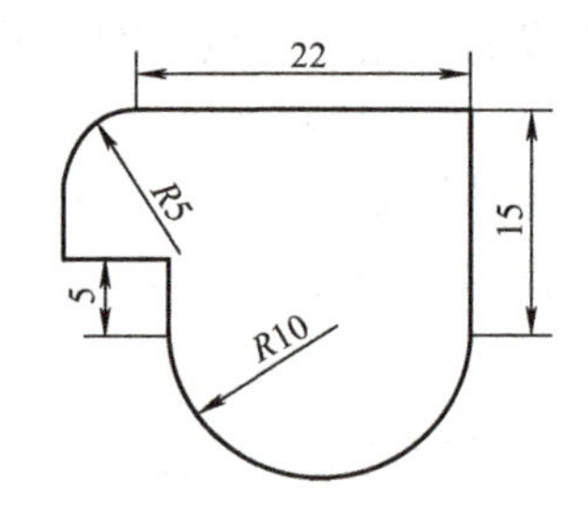

图 1-33 凸模、凹模零件图

课题 5 线切割自动编程

10 自动编程步骤要点

不同厂家开发的自动编程系统有所不同，具体可参见对应的使用说明书。本书以使用最为广泛的 CAXA 线切割 V2 系统为例，说明自动编程的方法。

CAXA 软件中进行自动编程的步骤：绘图—生成加工轨迹—生成代码（3B 代码或 G 代码）程序—程序传输。

1.5.1 绘图

11 CAXA 自动编程操作

利用 CAXA 软件的 CAD 功能可绘制出加工零件图，绘图方法在这里不再介绍。为作引入线方便，可把图形的左上角移到点（0，0）（图 1-34）。也可以从其他软件中调入二维图形，例如，可在 AutoCAD 软件中进行绘图（保存时文件类型为“＊.dwg”格式），然后打开

CAXA 线切割软件，选择“文件”菜单中的“数据接口”，再选择“DWG/DXF 文件读入”选项，在打开的对话框中选择绘制好的图形文件即可。

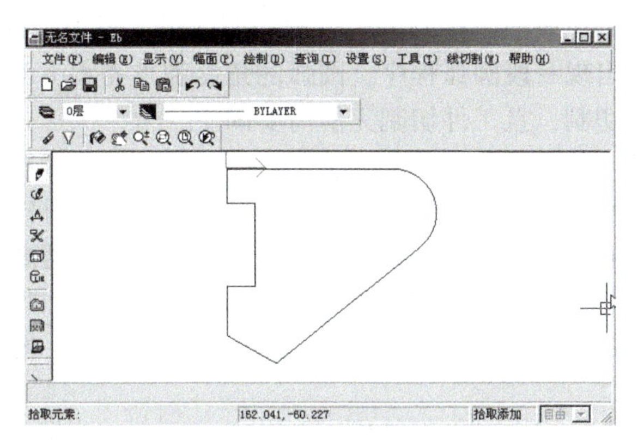

图 1-34　绘制零件图

1.5.2　生成加工轨迹

1）单击“线切割”菜单下的“轨迹生成”选项，如图 1-35 所示。

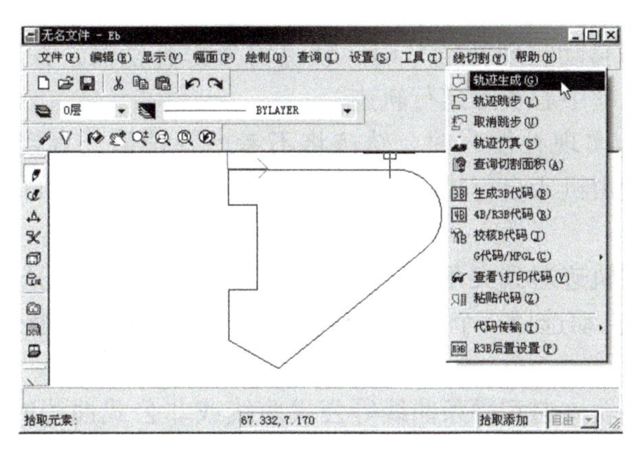

图 1-35　选择“轨迹生成”

2）系统弹出“线切割轨迹生成参数表”对话框。“切割参数”选项卡下的“切入方式”有 3 种：

“直线”切入：电极丝直接从穿丝点切入到加工起始点（图 1-36）。

“垂直”切入：电极丝从穿丝点垂直切入到加工起始段（图 1-37）。

“指定切入点”切入：此方式要求在轨迹上选择一个点作为加工的起始点，电极丝直接从穿丝点切入到加工起始点（图 1-38）。

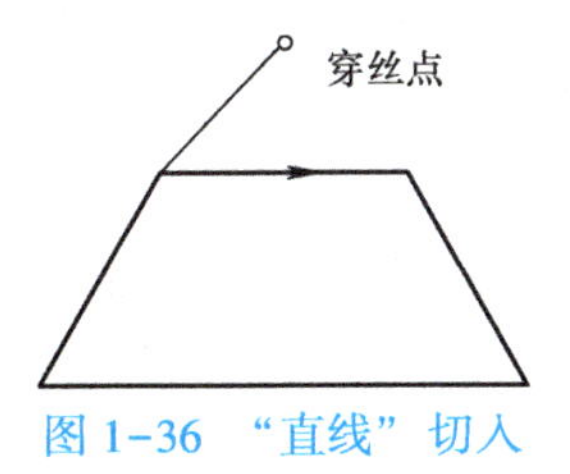

图 1-36　“直线”切入

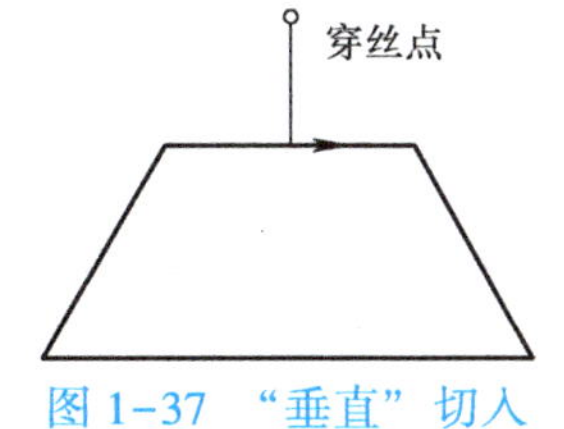

图 1-37　“垂直”切入

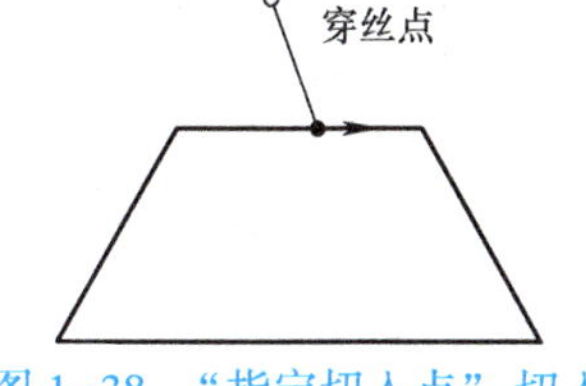

图 1-38　“指定切入点”切入

其他参数介绍如下。

① 圆弧进退刀。

一些特殊零件为了避免或减少接刀痕，可选择圆弧进、退刀。选择了圆弧进刀和退刀，引入和引出程序就都会出现一段圆弧程序，圆弧的角度和半径大小可在参数表中设置。圆弧进、退刀一般用于多次切割，且工件切割完前需要固定。

② 加工参数。

轮廓精度：加工轨迹与理想加工轮廓的偏差。轮廓精度是针对样条曲线、渐开线等公式曲线或非公式曲线设置的，数值越小，偏差越小，加工轨迹精度越高，轮廓中有这些曲线时要设置为0.001，对于由直线和圆弧组成的轮廓线采用默认值0.1即可。

切割次数：对于快走丝线切割加工一般只切割1次，中走丝、慢走丝可根据零件精度和粗糙度设置多次切割。

支撑宽度：采用多次切割的凸模类零件，需要设置预留的支撑宽度，使凸模在前几次的切割过程中始终与材料有一定的连接部分，支撑部分在最后一次切割时切断。型孔的多次切割不需要设置支撑宽度。当切割次数为1次时，支撑宽度无效。

锥度角度：做锥度加工时，电极丝倾斜的角度。锥度一般都在机床控制器上设置，编程时不设置。

③ 补偿实现方式。

选择“轨迹生成时自动实现补偿”时，轨迹将考虑补偿值，在所选几何轮廓的基础上追加补偿值，即为电极丝中心实际运行轨迹。

选择“后置时机床实现补偿”时，轨迹将不考虑补偿值，直接反映几何轮廓的位置，切割丝轴线的实际位置由机床自行控制。一般都选择“轨迹生成时自动实现补偿”。

④ 拐角过渡方式。

该参数控制线切割轨迹遇到尖角时的过渡方式。“尖角”为不采取平滑处理，直接保持尖角；“圆弧”为轨迹自动选择一个合适的圆弧角度与半径进行平滑处理，圆角过渡。

⑤ 样条拟合方式。

该参数控制线切割轨迹遇到样条曲线等公式曲线或非公式曲线时的拟合方式。“直线”为轨迹将样条曲线拆分成多条直线；“圆弧”为轨迹将样条曲线拆分成多段圆弧。

⑥ 偏移量/补偿值。

用来设置电极丝在加工中的实际偏移量。偏移量大小与电极丝半径、放电间隙、加工预留量及零件配合关系有关。具体偏移量的计算参见1.4.1节。

已知电极丝直径为0.18 mm，单边放电间隙为0.01 mm，则电极丝偏移量为0.1 mm。按图1-39所示填写“切割参数”和“偏移量/补偿值”选项卡下的参数，单击“确定”按钮。

3）系统提示“选择轮廓”，用光标选取图形的起始切割边（图1-40），被选取的线变为红色虚线，并沿轮廓方向出现一对反向箭头，系统提示“请选择链拾取方向:”，若工件左边装夹，则引入点可取在工件左上角点，并选择顺时针方向箭头，使工件装夹面最后切削。

4）选取链拾取方向后，图形全部变为红色，且在轮廓法线方向出现一对反向箭头，系统提示“选择加工的侧边或补偿方向”，因凸模应向外偏移，所以选择指向图形外侧的箭头，如图1-41所示。

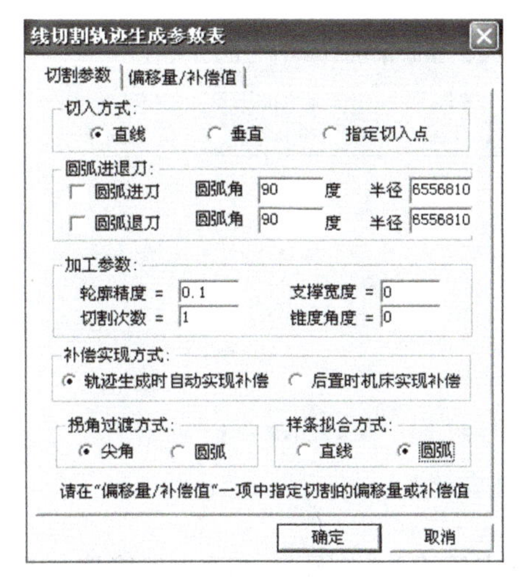

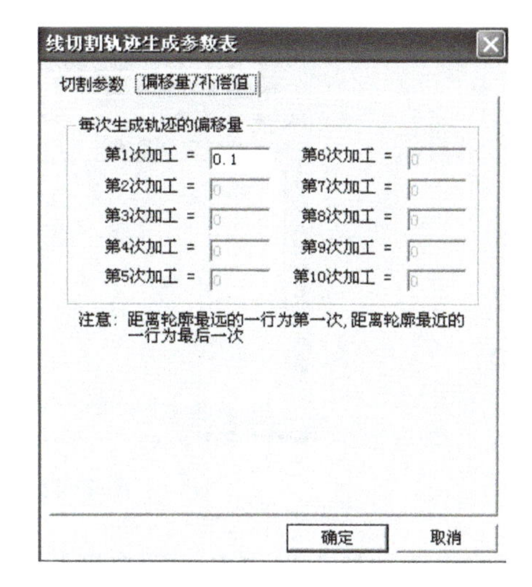

图 1-39　参数设置

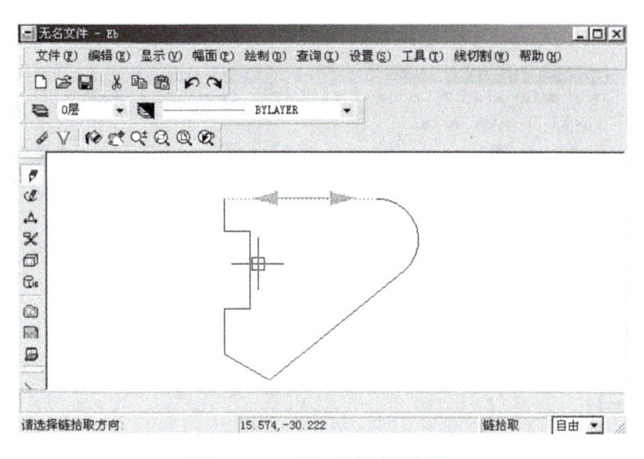

图 1-40　加工轮廓选取

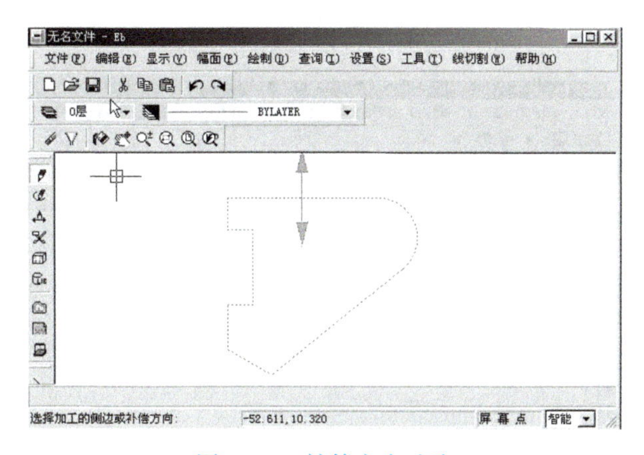

图 1-41　补偿方向选取

5）系统提示“输入穿丝点位置”（图 1-42），输入“0，5”，即引入线长度取 5 mm，按〈Enter〉键。

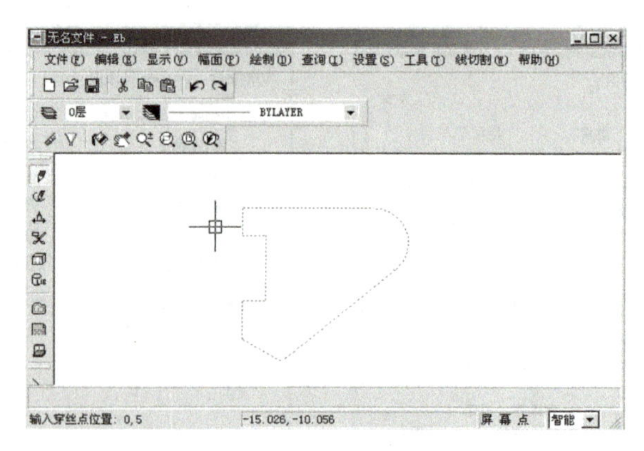

图 1-42　输入穿丝点

6）系统提示“输入退出点（回车则与穿丝点重合）”（图 1-43），直接按〈Enter〉键，穿丝点与退出点重合，系统按偏移量 0.1 mm 自动计算出加工轨迹。凸模类零件轨迹线在轮廓线外面，如图 1-44 所示。

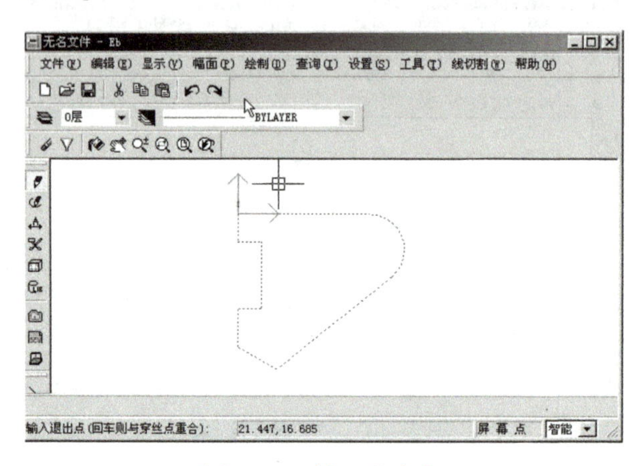

图 1-43　输入退出点

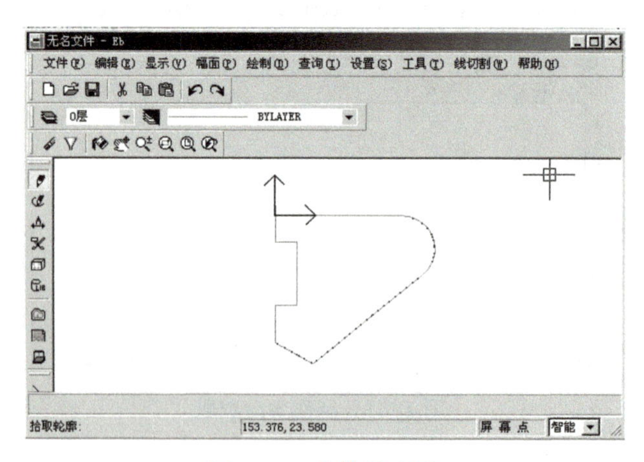

图 1-44　凸模轨迹图

1.5.3　生成代码

1）选取“线切割”菜单下的“生成 3B 代码”选项，如图 1-45 所示。

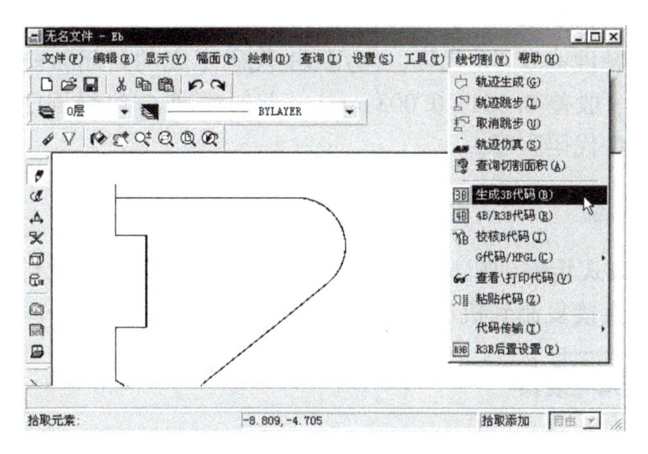

图 1-45　选择“生成 3B 代码”选项

2）系统弹出“生成 3B 加工代码”对话框，要求用户输入文件名，选择存盘路径，单击“保存”按钮，如图 1-46 所示。

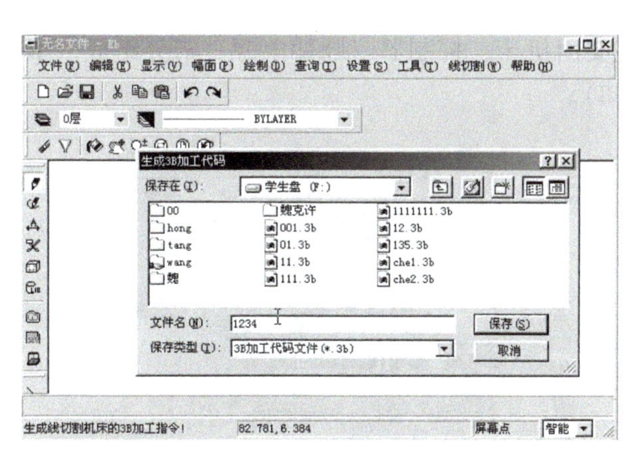

图 1-46　程序存盘

3）系统出现新菜单，并提示“拾取加工轨迹”，先将“立即”菜单中的第 1 格改为“对齐指令格式”，然后选取绿色的加工轨迹，右击结束轨迹拾取，系统自动生成 3B 程序，并在本窗口中显示程序内容，如图 1-47 所示。

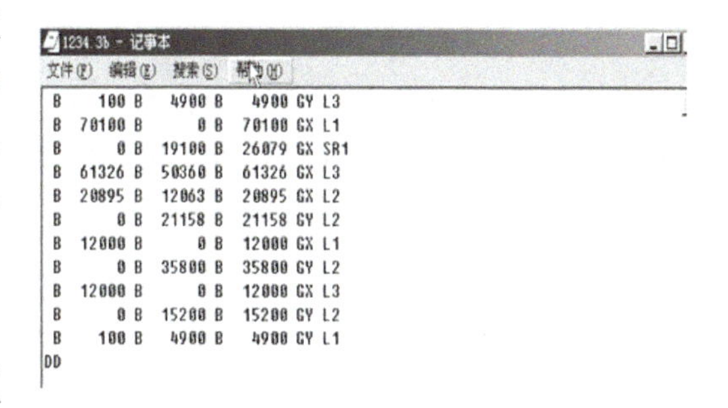


```
B    100 B   4900 B   4900 GY L3
B  70100 B      0 B  70100 GX L1
B      0 B  19100 B  26079 GX SR1
B  61326 B  50360 B  61326 GX L3
B  20895 B  12063 B  20895 GX L2
B      0 B  21158 B  21158 GY L2
B  12000 B      0 B  12000 GX L1
B      0 B  35800 B  35800 GY L2
B  12000 B      0 B  12000 GX L3
B      0 B  15200 B  15200 GY L2
B    100 B   4900 B   4900 GY L1
DD
```

图 1-47　程序内容

注意：

① 生成 3B 代码时改为“对齐指令格式”，主要是为了适应大多数快走丝线切割机床格式的需要（有些格式机床不能识别），并且看起来简单明了，与前面讲述的 3B 代码手动编程格式一致，便于学生理解。

② 也可生成G代码，但不同的机床G代码格式有所不同，需要进行一些后置处理才能被机床识别。

生成G代码方法是选取“线切割”菜单下的“G代码/HPGL”选项（图1-45），系统则生成G代码，其余步骤类似。

③ G代码的处理精度高于3B代码，当用3B代码生成的封闭轨迹线程序在加工系统中模拟演示不归零时（一般差0.001~0.003 mm），此时生成G代码程序即可归零。慢走丝线切割机床的程序常用G代码程序。

1.5.4 程序传输

程序可通过多种方式传输到机床。学生可用U盘从计算机复制到机床的控制器上，也可通过“网上邻居”直接复制到机床控制器上。

课题6 机床基本操作

1.6.1 现场了解线切割机床的组成及功能

本节以使用较多的北京迪蒙卡特机床有限公司线切割机床为例讲解机床的基本操作。

1. CTW320 TA线切割机床结构

线切割加工设备主要由机床、控制器、脉冲电源三部分组成。本机床控制器及脉冲电源置于控制柜中（图1-48）。

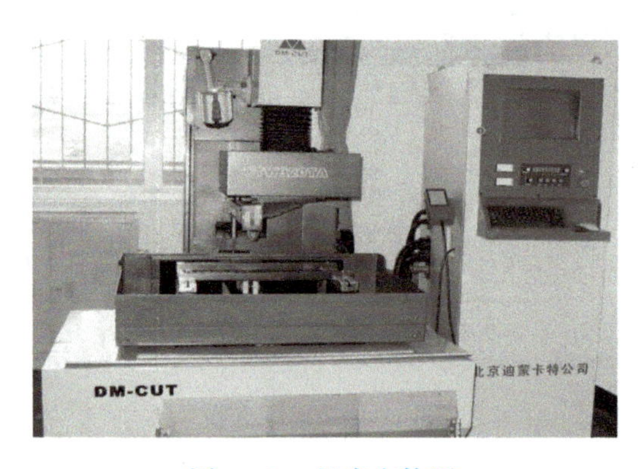

图1-48 机床实体图

线切割机床一般由床身、工作台、X、Y轴和U、V轴、丝架、走丝机构、工作液循环系统、手控盒组成。机床的具体结构如图1-49所示。

2. 机床主要规格（表1-6）

表1-6 迪蒙卡特线切割机床的主要规格

序号	名 称	主要参数	
1	工作台尺寸（长×宽）	CTW250	570 mm×350 mm
		CTW320	630 mm×440 mm

（续）

序号	名　　称	主要参数	
2	工作台的最大行程量（纵×横）	CTW250	320 mm×250 mm
		CTW320	400 mm×320 mm
3	最大切割厚度（可调）	300 mm	
4	最大切割锥度	TA：20°/h = 100 mm	
5	U、V轴行程	73 mm×73 mm	
6	总电源功率	3. 5 kW	

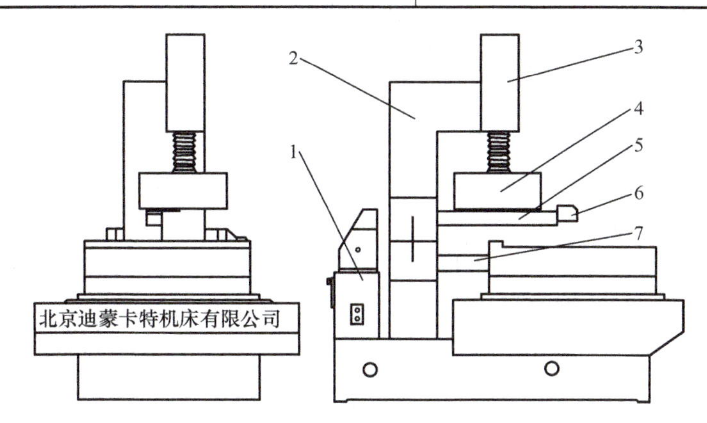

图 1-49　机床机构示意图

1—丝筒部分　2—立柱　3—主轴部分　4—U、V轴部分　5—上线臂　6—锥度头（导轮）　7—下线臂

3. 机床主要参数（表 1-7）

表 1-7　迪蒙卡特线切割机床的主要参数

序号	名　　称	主要参数
1	切割用钼丝直径	ϕ0. 12～0. 376 mm
2	卷丝筒直径	ϕ150 mm
3	钼丝移动速度	1. 70～11. 8 m/s
4	卷丝筒旋转速度	220～1500 r/min
5	卷丝筒的最大行程	230 mm
6	混合式步进电动机步距角	1. 8°
7	锥度拖板步进电动机步距角	1. 5°
8	工作台移动的脉冲当量	0. 001 mm
9	锥度拖板移动脉冲当量	0. 001 mm
10	卷丝筒电动机功率	255 W
11	冷却泵电动机	120 W

1. 6. 2　现场了解机床控制面板及开关

12　机床操作面板介绍

1. 控制面板

控制面板如图 1-50 所示。

“起动开关”：绿色圆形开关，开关按下，机床起动。

“急停开关”：红色蘑菇头开关，顺时针旋转弹开，则急停开关打开。

“脉冲参数”：用于调节单个脉冲时间（即脉冲宽度）。共11档，一般加工材料越厚，档位越高，即顺时针旋转，脉冲宽度增大。

“脉停调节”：用于调节平均加工电流的大小（即脉冲间隔）。加工材料越厚，脉冲间隔应越大，顺时针旋转，脉冲间隔增大。

“加工电流”：用于调节加工电流的峰值，$I_1 \sim I_9$ 共9档，电流大小相等，每个为0.5 A。加工材料越厚，加工电流应越大。

“进给调节”：用于切割时调节进给速度。进给调节主要参考面板左边的电流表指针来操作。加工电流值设定后，一般指针左摆，表示进给速度太慢，应调大进给速度；反之，调小进给速度。

“变频”：按下此键，压频转换电路向计算机输出脉冲信号。加工中必须按下此键。

“进给”：按下此键，驱动拖板的步进电动机处于工作状态。锁住电动机，机床工作台在手控盒操作下才能移动。

“加工”：按下此键，压频转换电路以高频取样信号作为输入信号，跟踪频率受放电间隙影响。切割时必须按下此键。

“高频”：按下此键，高频电源处于工作状态。

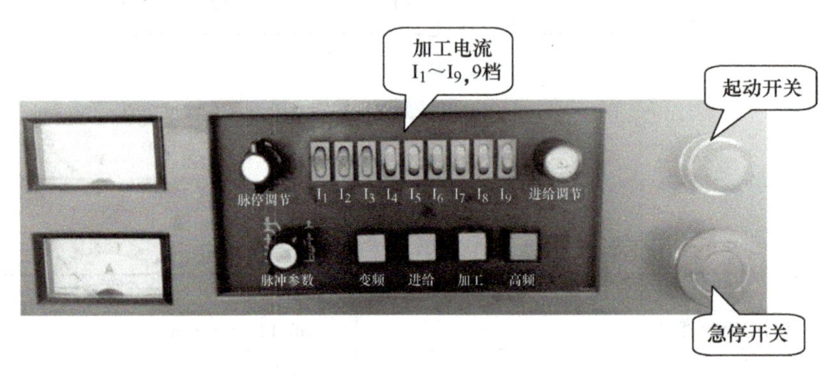

图1-50 机床控制面板

2. 机床其他开关

机床开关如图1-51所示。

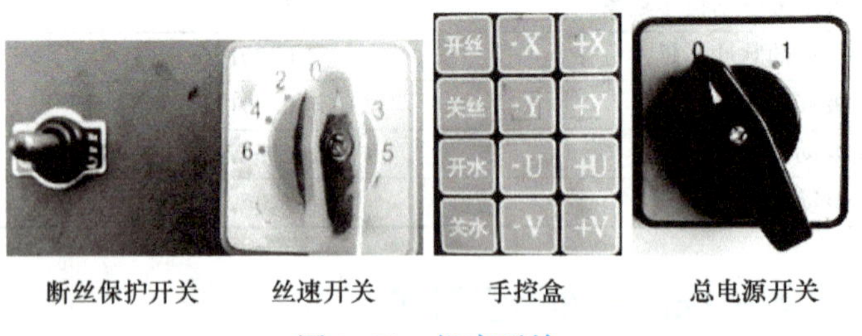

图1-51 机床开关

“总电源开关”：旋至1，总电源打开；旋至0，总电源关闭。

“丝速开关”：红色，有1~6档，1、3、5档为快走丝机床丝速档位，1档走丝速度最低，5档走丝速度最高。2、4、6档为中走丝机床丝速档位（根据用户需要选配），2档走丝速度最低，6 档走丝速度最高。

“断丝保护开关”：打开断丝保护开关后，在切割中若发生断丝，则系统自身有保护功能。

“手控盒”：用于机床的开丝、关丝，开水、关水，移动工作台等。

1.6.3　脉冲参数的调节

脉冲电源调节的参数主要有：脉冲幅度（即脉冲电压变化的最大值）、脉冲宽度（脉冲持续放电的时间，即腐蚀工件的时间）、脉冲间隔（电流为零、消电离的时间，即切割中排屑的时间）。图 1-52 所示为矩形脉冲的波形图，脉冲宽度为 8 μs，脉冲间隔为 4 μs，脉冲幅值为 80 V。设置脉冲参数即是设置加工时脉冲电压、脉冲电流、脉冲宽度与脉冲间隔的大小，保证不同种类、不同厚度、不同精度与不同表面粗糙度要求的材料能被顺利切割，并达到工艺要求。

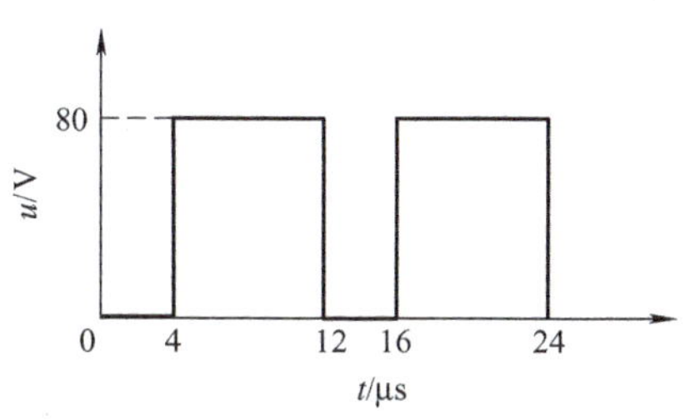

图 1-52　矩形脉冲波形图

脉冲参数的设置与调节可参阅相关的机床说明书，也可通过经验积累，选择合适的参数。下面主要介绍脉冲参数设置的基本规律。

1. 线切割的电压选择

线切割的电压一般都在 100 V 以下，其参数的选择通常是根据工件的高度、排屑条件的好坏来确定。对高度较高和排屑条件较差的机床（包括工件对排屑条件的影响），电压一般选择高一些。否则，可选择低一点（除切割样板这类的极薄工件外，一般都在 65 V 以上），如果折中选择 80 V 左右的电压，则对一般的工件都能适应；对大型高度工件（200 mm 以上），可根据具体情况选择 100 V 以上的电压。

2. 短路峰值电流

短路峰值电流的选择是根据电极丝直径的不同而有所不同，各种不同直径的电极丝，其允许通过的额定峰值电流也不同。另外，电极丝的速度对最大短路峰值电流也有一定的影响，速度越快，允许的最大短路峰值电流也越大，而且也有利于改善排屑条件。太小的速度很容易引起烧丝现象。增大短路峰值电流，会使切割速度加快，同时也使工件放电痕迹变大，而且使电极丝损耗加大和增加断丝频率，这三者都使加工精度略有降低。若加工电流过小，将导致加工状态不稳定或无法加工。

一般情况下，工件厚度越大，峰值电流也应越大。电流大小可通过图 1-50 机床控制面板中的“加工电流”来调节。

3. 脉宽选择

脉宽一般根据工件厚度和表面粗糙度要求而定。控制脉宽即控制单个脉冲的能量，脉宽越大，脉冲能量也越大，切割速度越快，表面粗糙度的值越大。脉宽越小，脉冲能量就越小，表面粗糙度的值越小，但对有一定高度或难切割材料的工件而言，过小的脉冲宽度会使切割速度明显下降，一般情况下，28~40 μs 的脉冲宽度基本能适应大部分工件的切割要求。

一般情况下，脉冲宽度随着被加工工件厚度的增加而增大，脉冲宽度可通过图 1-50 机床控制面板中的“脉冲参数”来调节。

4. 脉冲间隔选择

脉冲间隔主要是调节平均加工电流的大小，切割时，脉冲间隔变小，可使平均加工电流变大，脉冲利用率提高，从而使切割效率变高。但对于一个特定的工件而言，存在一个最窄脉冲间隔的限度，超过这个限度，切割过程就会不稳定。严重时会造成烧丝现象。因为脉冲间隔太窄，会使排屑系统因来不及排掉割缝中的杂物而发生短路，还会使排屑系统不能很好地消电离，而发生烧丝现象。在调节脉冲间隔的过程中，虽然平均加工电流发生了变化，但峰值电流和加工电压并没有改变，因此工件的表面粗糙度几乎不会发生变化。但脉冲间隔不能太大，因为这样会使切割速度明显降低，严重时不能继续进给，使加工变得不稳定。

一般情况下选择脉冲间隔时，随着被加工工件厚度的增加而增大，以便于排屑，保持加工稳定性。脉冲间隔可通过图1-50机床控制面板中的“脉停调节”来调节。

总之，选择脉冲参数的总体原则是，应根据工件厚度和加工材料综合考虑选取脉冲宽度、脉冲间隔及加工电流。当加工工件较薄时，可选择小脉宽、小间隔、小电流；当工件厚度较厚时，可选择大脉宽、大间隙、大电流及小的进给。在加工时，可参考表1-8选择高频脉冲电源参数，再根据实际加工情况做调整。

表1-8 高频脉冲电源参数表

工件厚度/mm	脉冲参数（档）	电流（管子个数）	丝速（档）
0~5	6	2	3
5~10	6~7	3	3
10~40	7~8	4~5	3
40~100	8	6	5
100~200	8	6~7	5
200~300	8~9	7~8	5
300~500	9~10	7~9	5

注：适用毛坯材料有45、GCr15、40Cr、CrWMn及性能相近的材料。

5. 变频进给速度的调节

变频进给速度对切割速度、加工精度和表面粗糙度的影响很大。因此调节进给速度应紧密跟踪工件的蚀除速度，以保持加工间隙恒定在最佳处。最好的变频进给速度应当是使有效放电状态的比例尽量大。如果变频进给速度超过工件的蚀除速度，会出现频繁的短路现象，切割速度反而降低，表面质量也差，上下端面切割成焦黄色，断丝频率增大；反之，变频进给速度太慢，极间将偏于开路，直接影响切割速度，同时由于加工间隙较大，在间隙中电极丝的振动造成时而开路时而短路，也会影响表面质量。

在实际加工过程中，主要是观察加工电流稳定性（电流表指针是否摆动），电流不稳定，可通过调节“进给调节”按键——调变频速度，使加工电流稳定，以加工出表面质量好的工件，防止烧丝、断丝及短路现象。进给调节主要参考控制面板左边的电流表指针来操作。加工电流值设定后，一般指针左摆，表示进给速度太慢，应将进给速度调大，反之，将进给速度调小。

1.6.4 机床工作前应做的检查

1）开机床总电源，检查上下导轮和导电块上是否有污物，检查储丝筒行程开关位置是否正常，开液压泵，检查上下水道是否畅通。

2）开控制台电源，使计算机进入工作状态。

3）开机后应按设备润滑要求，对机床有关部位注油润滑（注意：储丝筒转动时严禁取下防护罩和注油润滑）。

4）检查电极丝的垂直度。

1.6.5　线切割机床的基本操作顺序

13　凸模零件的加工

以北京迪蒙卡特机床有限公司线切割机床为例讲解线切割机床的基本操作顺序，其他机床可参考执行。

1. 开机

旋转机床电器柜右侧面黑色机床总电源开关至1（0关/1开），如图1-51所示，顺时针旋转机床控制面板的红色急停开关至弹出，再按下绿色圆形开关等待机床起动（图1-50）。

2. 调程序

通过“网上邻居”将编好的程序复制至机床计算机的“F:\dm”文件夹下。

3. 进入DOS系统

单击“开始”菜单→关闭计算机→重新启动计算机到MS-DOS系统。

4. 打开CNC2系统

输入“d:\”后按〈Enter〉键，再输入“CNC2”后按〈Enter〉键，调出程序，即“F:\dm\文件名.3b”。

注意，加工过程必须在MS-DOS系统下进行，否则加工不稳定。此时也无法从“网上邻居”传输程序，“网上邻居”传输程序只有在加工结束退出MS-DOS系统后进入Windows下才能进行。另外，“d:\”是CNC2系统的安装盘，具体输入的盘符应与CNC2安装盘一致。

5. 校正电极丝（垂直度调节）

设置加工电流0.5A，依次按“开丝”→“进给”→“高频”→〈F1〉键，将校正块置于机床工作台，使其一侧伸出工作台。

操作手控盒，使电极丝靠近相垂直的面校正垂直度。操作手控盒移动工作台到靠近校正块后，单手移动校正块，微微靠近电极丝，检查电极丝与校正块之间火花是否均匀，若上下不均匀，则按手控盒上的U、V，直至火花均匀，如图1-53所示。

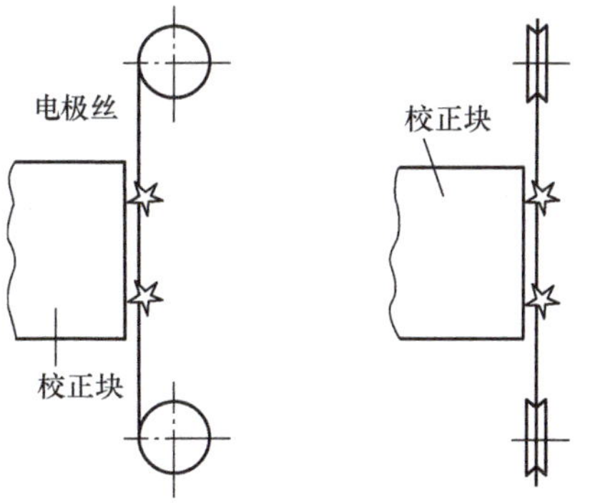

图1-53　校正电极丝的垂直度

校正完毕后，关闭“高频”→“进给”，将电极丝停靠在储丝筒的某一侧。

6. 装夹工件

根据编程确定的装夹方向装夹工件，保证装夹面最后切削。按下“进给”键，锁住电动机，按〈F1〉键移轴，定位电极丝，将电极丝移动到预定的切割位置。

7. 检查

装好防护罩，检查机床行程，避免撞机，工具、量具放置在指定位置。

8. 设置脉冲电源参数

根据零件材料、厚度、表面粗糙度设置脉冲电源参数，具体可参考1.6.3脉冲参数调节。

9. 加工

开断丝保护及自动停机开关→开丝→开水，切削液正常冲到电极丝上后，再依次开控制柜上“加工”→“高频”→“变频”，再按〈F8〉键开始加工，机床开始自动加工。机床电流表有数值后，旋转“进给调节”至加工电流表指针稳定，即加工进给速度合适。加工过程中注意观察加工电流，调节变频速度，防止烧丝、断丝及短路现象（具体见课题7）。

10. 暂停加工

在加工过程中，如果需要机床暂停加工，按〈F2〉键暂停或〈F1〉键本条暂停，再依次关控制柜上“变频”→“高频”→“加工”，再按“关丝”键。继续加工时，依次按手控盒上的“开丝”、“开水”，再按控制柜上的“加工”、“高频”、“变频”开关，最后按键盘上〈G〉键选择继续加工。

11. 取件

加工完后机床自动停机，依次关“变频”→“高频”→“加工”，再按“开丝”键使储丝筒的丝停在右边，取出工件并用煤油清洗。

12. 退出系统，关闭机床

退出CNC2系统，输入“EXIT”后，按〈Enter〉键等待机床进入Windows系统，关闭计算机，按下急停开关，关闭机床总电源。

课题7 线切割加工中常见问题及处理方法

1.7.1 操作中常见故障及处理方法

操作中常见故障及处理方法见表1-9。

表1-9 操作中常见故障及处理方法

序号	加工故障	产生原因	排除方法
1	工件表面丝痕大	钼丝松、抖动，导轮和轴承坏	按抖丝的方法处理
2	导轮转动不灵活 导轮转动有噪声	导轮磨损过大，轴承精度降低，轴向间隙大，工作液进入轴承	更换导轮或轴承，调整轴向间隙，清除轴承污物，充分润滑
3	丝抖	钼丝松动，导轮轴承精度低，导轮槽磨损	更换导轮，导轮轴承检查，调整导轮轴承，重新张紧或更换钼丝
4	烧丝	高频电源参数选择不当，工作液太脏或供应不足，变频跟踪过慢不稳	调整电源参数，更换工作液，检查高频电源、检测电路及数控装置变频电路，跟紧调稳变频

（续）

序号	加工故障	产生原因	排除方法
5	断丝	钼丝使用时间长，老化变脆，工作液供应不足或太脏，工件厚度与电参数选择不当，钼丝太紧或丝抖严重，限位开关失灵，导轮转动不灵活，导轮进电块、断丝保护块磨损过大出沟槽	更换钼丝，正常选择电参数。增加工作液流量或更换清洁工作液。检查限位开关，重新卷丝，清洗调整导轮轴承或更换导轮，调整进电块位置，使其接触表面良好
6	工件精度不符	传动丝杠间隙过大，传动齿轮间隙过大，导轮 V 形槽损坏，数控装置控制失灵，步进电动机失灵，电参数加工中不一致，有大有小，变频进给变换位置加工	调整滚珠丝杠副和减速齿轮间隙及传动链中联轴器，检查数控装置，更换导轮及轴承，在加工同一件工件时电参数应保持不变为好

1.7.2　断丝的原因及处理方法

1. 造成断丝现象的原因及处理方法

1）选择电源参数不当，电流过大时，可将脉冲宽度调小，间隔调大或减小功率管个数（即电流开关个数）。

2）工作液因素。

① 乳化液太稀，使用过久太脏时，应更换工作液。

② 工作液使用不当，调配比例不当时，应正确调配。

③ 工作液供应不足，电蚀产物排不出时，应添加工作液。

3）电极丝损耗过大，太紧，严重抖动；电极丝本身质量差时，应更换新电极丝。

4）储丝筒换向间隙过大造成叠丝，限位开关失灵时，可调整换向间隙，检查限位开关。

5）丝筒转速太慢，使电极丝在放电区停留时间过长时，应合理选择丝速。

6）导轮和导电块严重磨损，造成点接触不良，绝缘破坏时，可更换导轮和导电块，或将导电块翻面。

7）工件材料变形，夹断丝；切割完时工件跌落撞断丝；工件表面有氧化皮或绝缘层。处理方法是选择适当的切割线路，即将切割结束时用小磁铁吸住或用工具托住工件，刮去绝缘层。

2. 断丝后的处理方法

1）应立即关闭“变频”、“加工”、“高频”，根据具体情况处理断丝问题。

2）如果加工材料较厚，不能从断丝点穿丝，就打开“进给”、“变频”，使机床工作台继续按原程序加工完或按〈F5〉（回起始切割点），回到起点位置后，按〈F2〉（加工方式）选择“倒切”加工，再重新穿丝完成加工。

3）若工件较薄，断丝还可以用，可直接从断丝点重新穿丝，继续切割。

4）若加工快结束时断丝，可考虑进行反切割，当加工到二次切割的相交处时，要及时关闭脉冲电源和机床，以免损坏已加工表面。

5）若断丝不能再用，须更换新丝时，应测量新丝的直径；若断丝直径与新丝直径相差较大，就要重新编制程序以保证加工精度。

1.7.3 短路的原因及处理方法

1. 短路现象

1）加工时没有火花，但电流表指示有电流。

2）控制器屏幕上机床坐标处的数值不再变化。

2. 导致短路的原因

1）钼丝状态不好（如张力不一致）。

2）排屑不畅。

3）工件变形。

4）电加工参数调整不恰当。

3. 排除短路的方法

确定为短路后，按〈F4〉（短路回退）机床会自动回退一小段距离，出现“回退结束”提示，再观察电流表是否有电流指示，如果有电流指示，则根据系统提示，选择“继续回退”。依次反复操作，直至电流表指示电流为零后，根据系统提示，选择“结束回退，向前继续加工”。若回退多次还是不能消除短路，则把电极丝抽出，按〈F5〉退回到起始切割点，穿好丝后，重新反切加工。

1.7.4 影响工件表面质量的因素及解决方法

1）电极丝松紧不均时，可用挑丝轮挑紧电极丝。

2）导轮和轴承磨损时，需更换导轮和轴承。

3）电极丝损耗过大，在导轮内窜动时，应更换电极丝。

4）电参数选择不当，变频速度调节不当，致使加工不稳定时，可调整电参数，调节变频速度。

课题8 完成凸模类零件的编程与加工

14 凸模任务安排与学生实作

说明：利用所学知识，自行设计一个零件（为控制加工时间，应限制零件的周长），完成凸模零件的程序编制与加工检测，教师根据学生操作情况，现场巡回指导，并按照表1-10要求对学生进行成绩评定。

加工提示：

1）注意工件的装夹，保证装夹边最后切削。

2）注意工件的定位，如凸模加工没钻穿丝孔，直接从工件外切入，应保证工件边缘与电极丝的距离小于引入线长度，工件距毛坯边缘距离最好在3~5 mm范围内。

表 1-10　项目 1 成绩评定表

1. 凸模类零件的编程与加工

自行设计一凸模零件，要求周长在 90 mm 左右，完成零件的编程与加工。

电极丝直径：______

单边放电间隙：______

基准件补偿值：______

切割方向：______

工件夹持：______边

程序（30 分）	绘图、补偿值、引线、切割方向（25 分）		得分	
	填写报告（5 分）		得分	
操作（55 分）	工件装夹定位（25 分）		得分	
	脉冲电源参数的设置（10 分）		得分	
	其他（20 分）		得分	
表面粗糙度（15 分）			得分	
项目成绩		评分教师		

项目小结

通过本项目的学习，应掌握如下知识。

1. 线切割加工的基本原理与基础知识。
2. 线切割加工中基准件与配合件偏移量的计算。
3. 凸模引入线、引出线位置的确定和切割方向的选取。
4. CAXA 线切割自动编程的步骤和方法。
5. 机床操作的方法和步骤。
6. 加工中出现断丝、短路等问题的处理。
7. 凸模类零件的加工方法与基本步骤。

思考与练习

1. 线切割机床由哪几部分组成？各自的作用是什么？
2. 为什么加工前必须检查电极丝的垂直度？
3. 加工中脉冲参数如何设置与调节？
4. 工件装夹与电极丝定位应遵循什么原则？
5. 加工工件表面质量差的原因及处理方法？
6. 短路的原因是什么？加工中如何处理？
7. 按图1-54所示零件尺寸，编写凸模的加工程序，并在机床上加工出符合图样尺寸的工件。已知：材料厚度为8 mm，材料为45钢。

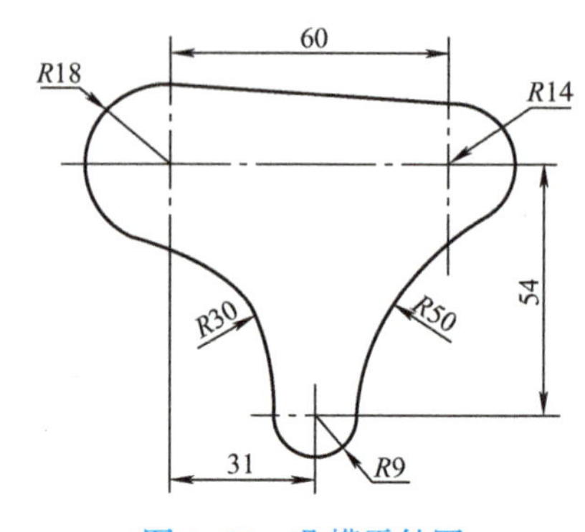

图1-54 凸模零件图

项目 2 凹模类零件的线切割编程与加工

项目内容

在本项目中，要完成如图 2-1a 所示凹模零件的型孔加工。已知：材料为 45 钢，厚度为 8 mm，穿丝孔位置如图 2-1b 所示。

1. 零件图形

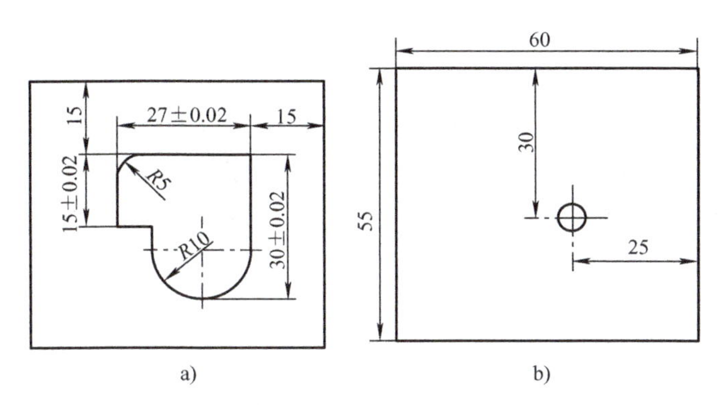

图 2-1 项目 2 零件图

2. 编程与加工要求

1）根据电极丝实际直径，正确计算偏移量。
2）根据图形特点，正确选择引入线位置和切割方向。
3）根据材料种类和厚度，正确设置脉冲参数。
4）根据程序的引入位置和切割方向，正确装夹工件、穿丝和对电极丝定位。
5）操作机床，进行零件加工。

知识点

为了完成上述零件的加工，本项目着重讲述如下课题。

课题 1 凹模类零件的切割工艺与编程技巧
课题 2 工件的装夹、找正与定位
课题 3 完成凹模类零件的编程与加工

> 学习内容

课题1 凹模类零件的切割工艺与编程技巧

2.1.1 单型孔零件的程序编制

16 凹模工艺与编程

在CAXA线切割软件中进行自动编程的步骤如下。

1）绘图。可在CAXA软件的电子图板中绘制，也可通过其他绘图软件绘制，再通过CAXA软件中的“文件”—“数据接口”—“文件读入”调入图形文件。

2）生成加工轨迹。

3）生成代码（3B或G代码）程序。

4）程序传输。

1. 绘图

绘图的方法与凸模的方法一致，只是在这里一定要注意所给板料上穿丝孔的位置与大小。一般模具以两个相互垂直的侧面为基准面，编程时要根据型孔位置与基准面位置以及穿丝孔的位置确定穿丝点（该凹模型孔加工的穿丝点为$R10$ mm的半圆圆心，如图2-1a所示），编程前可把穿丝点位置移到（0，0）点。

2. 生成加工轨迹

生成加工轨迹的方法与凸模一致。该程序的起始切割点为A点（图2-2），在选择偏移方向时选择轮廓线里面的箭头，即向内偏移（图2-3）。注意：凹模穿丝点多取在凹模的对称中心，起始切割点的选择除考虑凸模的原则外，还应考虑选取最短路径切入且钳工容易修复的位置。

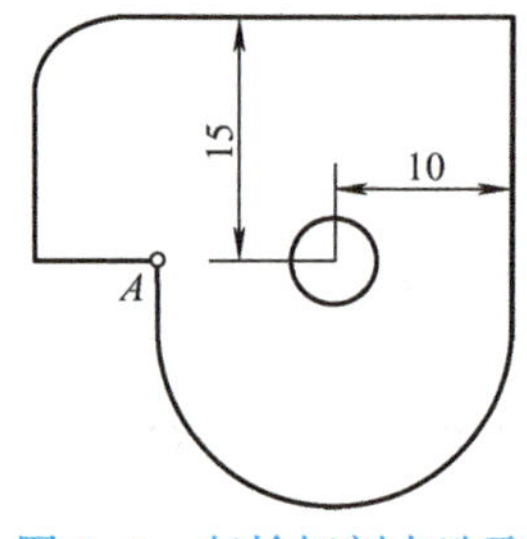

图2-2 起始切割点选取

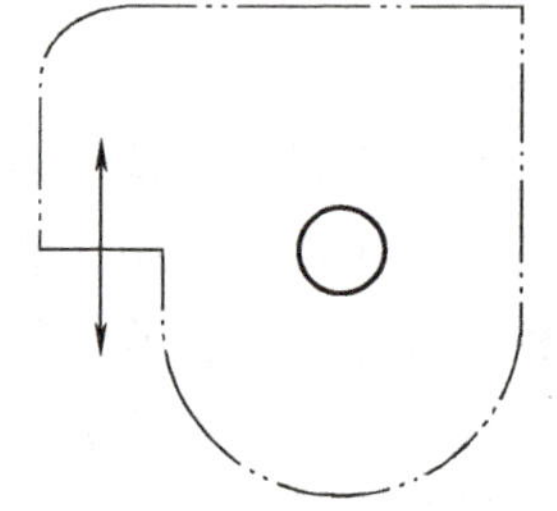

图2-3 偏移方向选取

3. 生成代码

生成代码的步骤与凸模程序一致（注意，生成3B代码时应选择“对齐指令格式”）。

4. 程序传输

程序可通过多种方式传输到机床，这里采用局域网传输方式。

2.1.2 多型孔零件的程序编制

编制多型孔零件的程序时，先在软件中绘制好图样，保证孔与孔之间的位置，再分别生成轨迹（方法同单型孔一样）。

选择“线切割”菜单中的“轨迹跳步”选项，然后按最短线路原则依次选取每个加工轨迹线，注意：轨迹选取的先后顺序即为型孔加工的先后顺序。

生成轨迹时，选择“对齐指令格式”选项，并将“暂停码”选项中的“D”改成大写的“A”（仅针对迪蒙卡特机床，其他机床具体改为何种字符可参看机床编程系统的说明书），如图 2-4 所示。

图 2-4 生成轨迹的设置

课题 2 工件的装夹、找正与定位

2.2.1 工件的装夹与找正

17 工件装夹、找正与定位

1. 工件的装夹

电火花线切割是一种贯穿加工方法，因此，装夹工件时必须保证工件的切割部位悬空于机床工作台行程的允许范围之内。一般以磨削加工过的表面定位为最佳，装夹位置应便于找正，同时还应考虑切割时电极丝的运动空间，避免加工中发生干涉。与切削类机床相比，对工件的夹紧力不需太大，但要求均匀。选用夹具时应尽可能选择通用或标准件，且应便于装夹，便于协调工件和机床的尺寸关系。图 2-5 所示是几种常见的装夹方式。

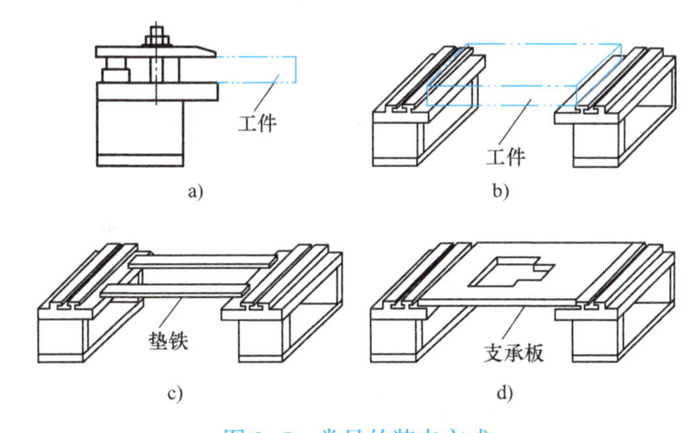

图 2-5 常见的装夹方式

a）悬臂支承方式装夹 b）两端支承方式装夹 c）桥式支承方式装夹 d）板式支承方式装夹

（1）悬臂支承方式装夹 采用悬臂支承方式装夹工件，装夹方便、通用性强，但由于工件一端悬伸，易出现切割表面与工件上、下平面间的垂直度误差。一般仅在加工要求不高或悬臂较短的情况下使用。

（2）两端支承方式装夹 采用两端支承方式装夹工件，装夹方便、稳定，定位精度高，但工件长度要大于工作台面距离，不适于装夹小型零件。

（3）桥式支承方式装夹 这种方式是在工作台面上放置两条平行垫铁后再装夹工件，装夹方便、灵活，通用性强，对大、中、小型工件都适用。

（4）板式支承方式装夹　这种方式是根据常规工件的形状和尺寸大小，制作带有通孔与装夹螺孔的支承板来装夹工件，装夹精度高，但通用性较差。

此外，对于圆柱形工件，还可使用V形块、分度头等辅助夹具；对于批量加工工件，选用线切割专用夹具可大大缩短装夹与找正时间，提高生产率。

2. 工件的找正

采用以上方式装夹工件，还必须配合找正法进行调整，才能使工件的定位基准面分别与机床的工作台面和工作台的进给方向 X、Y 保持平行，以保证切割表面与基准面之间的位置精度。常用的找正方法有以下几种。

（1）用指示表或千分表找正　用磁力表架将指示表（或千分表）固定在丝架或其他位置上，指示表的测头与工件基面接触，往复移动工作台，按指示表指示值调整工件的位置，直至指示表指针的偏摆范围达到要求数值。找正应在相互垂直的 X、Y、Z 三个方向上进行，如图2-6所示。

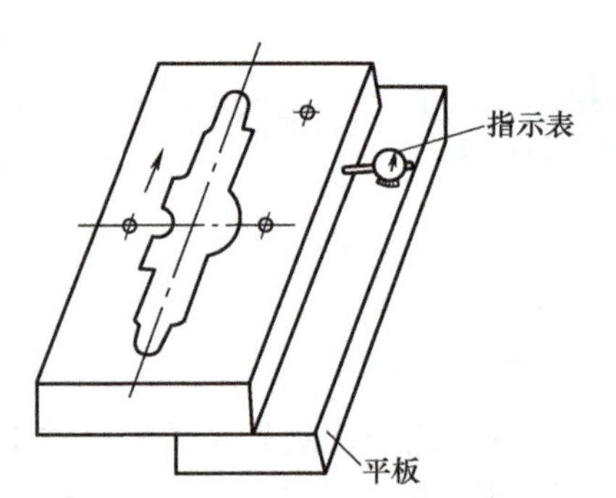

图2-6　工件的找正

（2）划线法找正　当工件切割轨迹与定位基准之间的位置精度要求不高时，可采用划线法找正。利用固定在丝架上的划针对准工件上划出的基准线，往复移动工作台，目测划针与基准间的偏离情况，将工件调整到正确位置。

2.2.2　穿丝与储丝筒行程开关的调节

18　上丝操作

1. 穿丝

按规定要求穿丝（图2-7），拉紧电极丝，检查电极丝是否在导轮槽和导电块上，换下或扯断的废丝放在规定的容器内，防止混入电器和走丝系统中，造成电器短路、触电和断丝等事故。

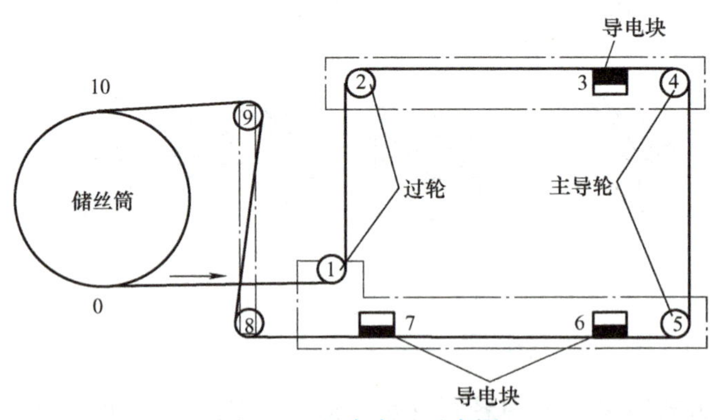

图2-7　机床穿丝示意图

2. 储丝筒行程开关的调节

检查储丝筒行程开关的位置是否在规定行程范围内。图2-8所示为储丝筒行程开关。

图2-8　储丝筒行程开关

2.2.3　电极丝的选择与定位

1. 电极丝的选择

电极丝是线切割加工过程中必不可少的重要工具，合理选择电极丝是保证加工稳定进行的重要环节。

电极丝材料应具有良好的导电性、较大的抗拉强度和良好的耐电腐蚀性能，且电极丝的质量应该均匀，直线性好，无弯折和打结现象。快走丝线切割机床上用的电极丝主要是钼丝和钨钼合金丝，尤以钼丝的抗拉强度较高，韧性好，不易断丝，因而应用广泛。钨钼合金丝的加工效果比钼丝好，但抗拉强度较小，价格较高，仅在特殊情况下使用；慢走丝线切割机床常使用黄铜丝，其表面质量和直线度较好，蚀屑附着少，但抗拉强度小，损耗大。

电极丝直径小，有利于加工出窄缝和内尖角的工件。但线径太细，能够加工的工件厚度也将受限。因此，电极丝直径的大小应根据切缝宽窄、工件厚度及凹角尺寸大小等要求进行选择。通常，若加工带尖角、窄缝的小型模具宜选用较细的电极丝；若加工大厚度工件或大电流切割时应选较粗的电极丝。

2. 电极丝的定位

线切割加工之前，必须将电极丝定位在一个相对工件基准的确切点上，作为切割的起始位置，即编程时的穿丝点。一般常用的电极丝定位方法有目测法、火花法、接触感知法、自动找中心法和靠边定位法。

（1）目测法　对于加工要求较低的工件，在确定电极丝与工件基准间的相对位置时，可以直接利用目测或借助 2~8 倍的放大镜来进行观察。如图 2-9 所示，当确认电极丝与工件基准面接触或使电极丝中心与基准线重合后，记下电极丝中心的坐标值，再以此为依据推算出电极丝中心与加工起点之间的相对距离，将电极丝移动到加工起点上。

（2）火花法　火花法是利用电极丝与工件在一定间隙下发生火花放电来确定电极丝的坐标位置的。如图 2-10 所示，调整时，起动高频电源，移动工作台使工件的基准面逐渐靠近电极丝，在出现火花的瞬时，记下电极丝中心的相应坐标值，再根据电极丝半径值和放电间隙推算电极丝中心与加工起点之间的相对距离，最后将电极丝移到加工起点上。此法简单易行，但往往因电极丝靠近基准面时产生的放电间隙，与正常切割条件下的放电间隙不完全相同而产生误差。计算方法为：电极丝中心位置=工件外形尺寸/2+电极丝的半径+单边放电间隙。

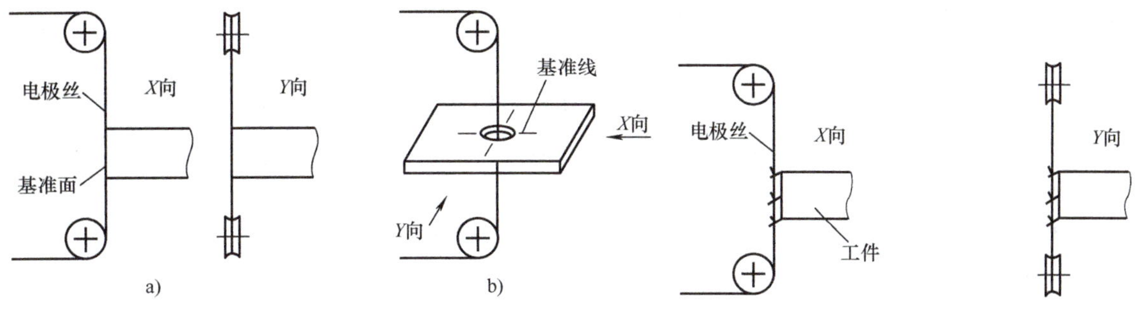

图 2-9　目测法定位

a）目测基准面　b）目测基准线

图 2-10　火花法定位

（3）接触感知法　这种方法是利用电极丝与工件基准面由绝缘到短路的瞬间，两者间电阻值突然变化的特点来确定电极丝接触到了工件，并在接触点自动停下来，显示该点的坐标，即为电极丝中心的坐标值。目前，装有计算机数控系统的线切割机床都具有接触感知功能，用于电极丝定位最为方便。如图2-11所示，首先起动 X（或 Y）方向接触感知，使电极丝朝工件基准面运动并感知到基准面，记下该点坐标，据此算出加工起点的 X（或 Y）坐标；再用同样的方法得到加工起点的 Y（或 X）坐标，最后将电极丝移动到加工起点（X_0，Y_0）。

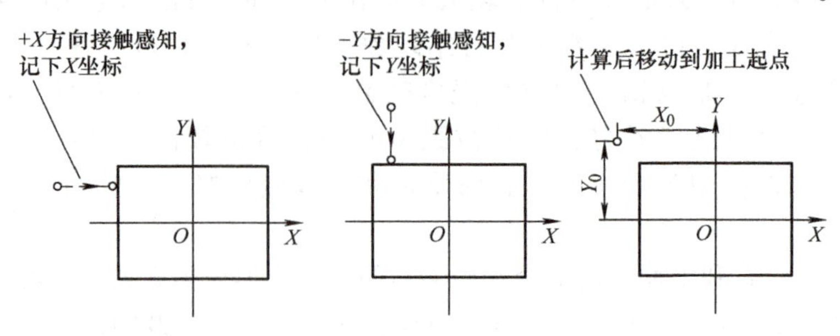

图2-11　接触感知法定位

（4）自动找中心法　当穿丝孔尺寸与位置精度较高时，可直接利用穿丝孔用机床自动找中心功能来定位电极丝。即让电极丝去接触感知孔的四个方向，自动计算出孔的中心坐标，并移动到工件孔的中心。工件内孔可为圆孔或对称孔。如图2-12所示，启用此功能后，机床自动横向（X 轴）移动工作台使电极丝与孔壁一侧接触，则此时当前点 X 坐标为 X_1，接着反方向移动工作台使电极丝与孔壁另一侧接触，此时当前点 X 坐标为 X_2，然后系统自动计算 X 方向中点坐标，并使电极丝到达 X 方向中点位置 X_0；接着在 Y 轴方向进行上述过程，最终使电极丝定位在孔中心坐标（X_0，Y_0）处，其中 $X_0=(X_1+X_2)/2$，$Y_0=(Y_1+Y_2)/2$。

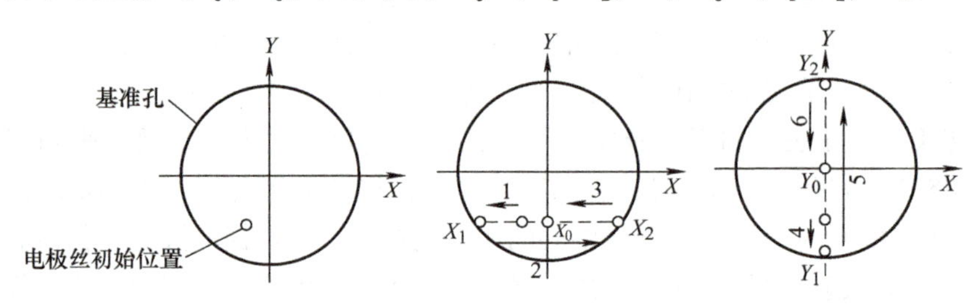

图2-12　自动找中心过程

对于迪蒙卡特机床，自动找中心法是在DOS系统下，先进入CNC2软件主界面，按下控制柜操作面板上的“进给”和“变频”键，在“主菜单”中选择“自动对中心”选项，按〈Enter〉键即可（图2-13）。按〈Esc〉键可随时退出。找完中心后关闭“变频”。注意：使用此功能，必须是在关丝和关水的状态下。

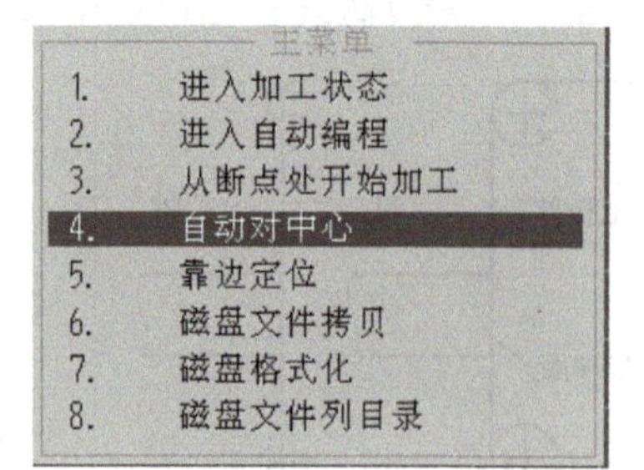

图2-13　迪蒙卡特机床主菜单界面图

在使用接触感知法或自动找中心法时，为减小误差，特别要注意以下几点。

1）使用前要校正电极丝，保证电极丝与工件基准面或内孔素线平行。

2）保证工件基准面或内孔壁无毛刺、污物，接触面最好经过精加工处理。

3）保证电极丝上无污物，导轮、导电块要清洗干净。

4）保证电极丝要有足够张力，不能太松，并检查导轮有无松动、窜动等。

5）为提高定位精度，可重复进行几次后取平均值。

（5）靠边定位法　靠边定位法同火花法定位原理相同，只是在操作时，利用机床“靠边定位”功能（图 2-13），使电极丝移动时刚与工件接触即停，记下工作台坐标，然后根据工件的外形尺寸，得出工件在某一轴的中心，再根据电极丝半径推算电极丝中心的坐标。

19　凹模零件加工实作讲解

课题 3　完成凹模类零件的编程与加工

说明：利用所学知识，自行设计一个凹模零件，完成凹模零件的程序编制与加工检测，教师根据学生操作情况，现场巡回指导，并按照表 2-1 要求对学生进行成绩评定。

20　凹模任务安排与学生实作

注意：

1）学生在设计零件图时要考虑已经备料的模板大小和穿丝孔大小，教师可指定凹模型孔控制在某个矩形或圆形面积的范围内，并要求从穿丝孔到型孔的最短距离应大于穿丝孔半径，否则型孔不能完全切出所需形状。

2）凹模的加工步骤与凸模类似，只是多了一个穿丝、抽丝的过程和电极丝的准确定位，所以凹模的加工过程可参见 1.6.5 小节，此处不再详细介绍。

表 2-1　项目 2 成绩评定表

2. 凹模类零件的编程与加工				
自行设计一个凹模零件。 （1）单型孔零件的编程与加工 电极丝直径：________ 单边放电间隙：________ 基准件补偿值：________ 切割方向：________ 工件夹持：________边				
程序（30 分）	绘图、补偿值、引线、切割方向（24 分）		得分	
	填写报告（6 分）		得分	
操作（55 分）	工件装夹与穿丝定位（25 分）		得分	
	脉冲电源参数的设置（10 分）		得分	
	其他（20 分）		得分	
表面粗糙度（15 分）			得分	
项目成绩		评分教师		

（续）

2. 凹模类零件的编程与加工

（2）多型孔零件的编程与加工（或仿真加工）

电极丝直径：______
单边放电间隙：______
基准件补偿值：______
切割方向：______
工件夹持：______边

<table>
<tr><td rowspan="2">程序（30分）</td><td colspan="2">绘图、补偿值、引线、切割方向（24分）</td><td>得分</td><td></td></tr>
<tr><td colspan="2">填写报告（6分）</td><td>得分</td><td></td></tr>
<tr><td rowspan="3">操作（55分）</td><td colspan="2">工件装夹与穿丝定位（25分）</td><td>得分</td><td></td></tr>
<tr><td colspan="2">脉冲电源参数的设置（10分）</td><td>得分</td><td></td></tr>
<tr><td>其他（20分）</td><td></td><td>得分</td><td></td></tr>
<tr><td>表面粗糙度（15分）</td><td colspan="2"></td><td>得分</td><td></td></tr>
<tr><td>项目成绩</td><td></td><td colspan="2">评分教师</td><td></td></tr>
</table>

项目小结

通过本项目的学习，应掌握如下知识。

1. 巩固线切割加工中基准件偏移量的计算。
2. 凹模引入线、引出线位置的确定和切割方向的选取。
3. 单型孔与多型孔凹模零件自动编程的步骤和方法。
4. 穿丝的方法。
5. 凹模工件的装夹、找正与电极丝定位方法。
6. 凹模类零件的加工方法与基本步骤。

思考与练习

按图 2-14 所示零件型孔尺寸，自行选择穿丝孔位置及尺寸，并编写凹模的加工程序，在机床上加工出符合图样尺寸的工件。已知：备料 40 mm×30 mm×5 mm，材料为 45 钢，周边表面粗糙度要求 Ra1.6 μm。

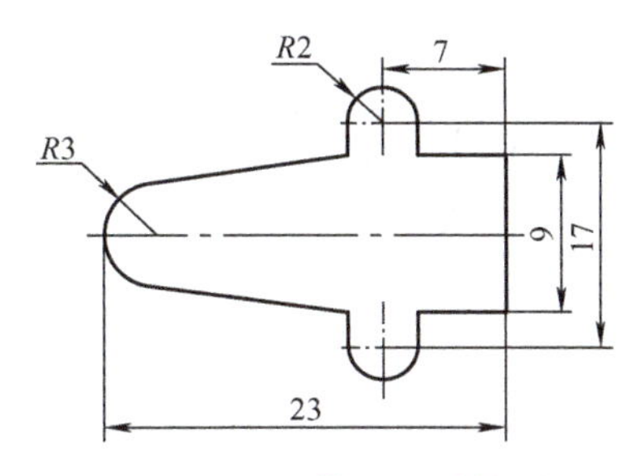

图 2-14　凹模型孔零件图

项目 3　模板镶件（凸凹模）的线切割编程与加工

项目内容

在本项目中，要完成如图 3－1a 所示凸凹模零件的型孔和外形加工。已知：材料为 45 钢，备料尺寸为 200 mm×104 mm×8 mm，穿丝孔位于板料对称中心，如图 3－1b 所示。

1. 零件图形

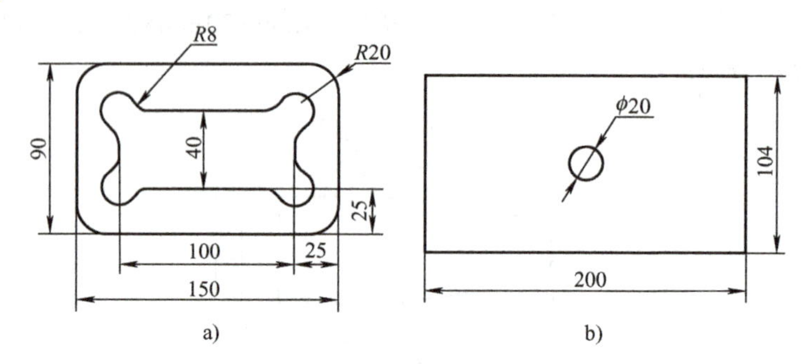

图 3－1　项目 3 零件图

2. 编程与加工要求

1）根据电极丝实际直径，正确计算偏移量。

2）根据图形特点，正确选择零件型孔与外形的引入线位置和切割方向，根据毛坯尺寸，正确选取外形轮廓引入线的长度。

3）根据材料种类和厚度，正确设置脉冲参数。

4）根据程序的引入位置和切割方向，正确装夹工件、穿丝和定位电极丝，保证内孔与外形位置尺寸。

5）操作机床，进行零件的加工。

3. 加工思路

机床先将型孔切出，暂停后，将电极丝抽掉，关闭“高频”使机床空走到外形轨迹线的引入线起点，再将电极丝穿好进行外形切割。

知识点

为了完成上述零件的加工，本项目着重讲述如下课题。

课题 1　模板镶件的切割工艺与编程技巧

课题 2　模板镶件的加工

➢ 学习内容

课题 1 模板镶件的切割工艺与编程技巧

21 模板镶件的工艺与编程

3.1.1 绘图

模板镶件与凸模的绘图方法基本一致，但一定要保证型孔与外形的位置尺寸。图形绘制好后，将整个图形以外形的起始切割点为移动基点，将起始切割点移动到坐标系原点。

3.1.2 生成轨迹

1）内孔轨迹图如图 3-2 所示，生成内孔后，继续拾取外形轮廓，生成外形加工轨迹。

说明：要注意零件外形轨迹的穿丝点位置，保证孔加工完后，加工外形的引入线一定要使机床空走完；加工外形穿丝时，重新穿丝的电极丝要在提供毛坯材料的外面。外形加工轨迹的引入线和引出线长度均大于 5。如图 3-3 所示，型孔穿丝点中心到外形轮廓穿丝点之间的垂直距离必须大于 50 mm。

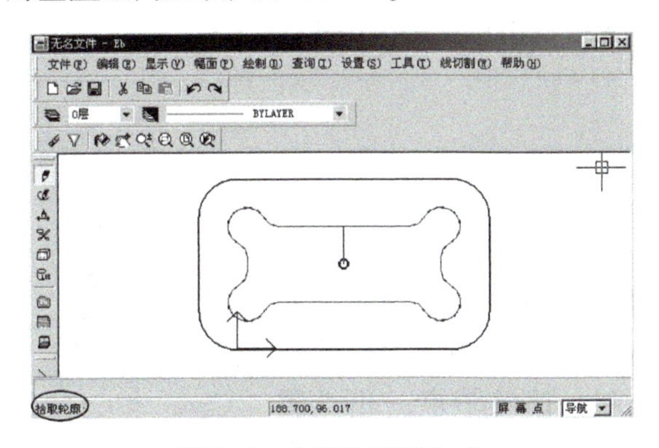

图 3-2 内孔轨迹图生成

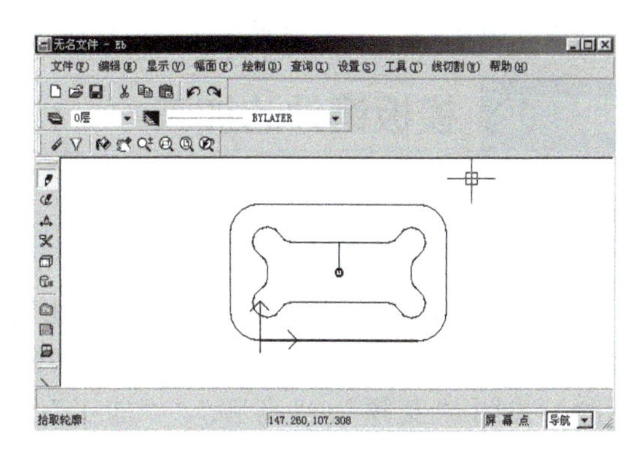

图 3-3 外形轨迹图生成

2）轨迹跳步。

① 选取“线切割”菜单下的“轨迹跳步”选项，如图 3-4 所示。

② 根据提示，依次选择型孔加工轨迹和外形加工轨迹后右击确定，结果如图 3-5 所示。

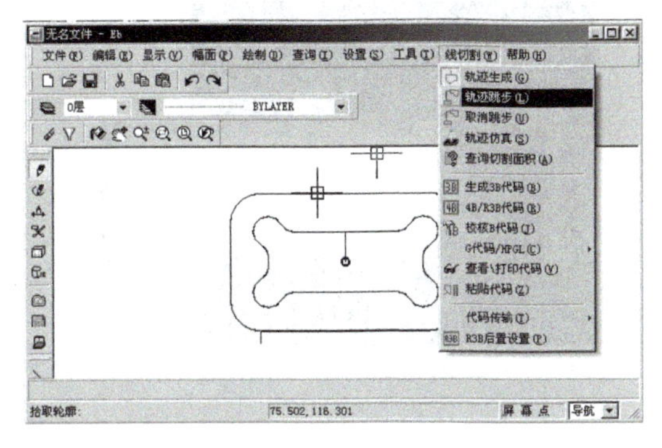

图 3-4 轨迹跳步

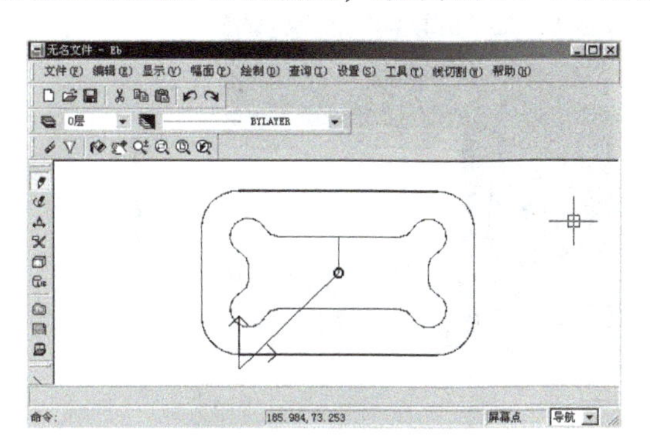

图 3-5 轨迹跳步的生成

注意：先选取的轨迹线将先切割，所以凸凹模编程轨迹选择一定要先选取型孔，再选择外形，否则加工无法完成。

3.1.3 生成代码

1）选取“线切割”菜单下的“生成3B代码”选项。在弹出的“生成3B加工代码”对话框中选取保存路径和输入文件名，单击“保存”按钮，如图3-6所示。

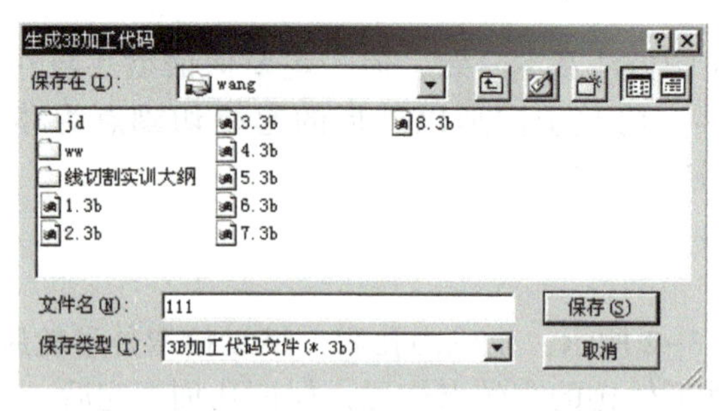

图3-6 3B代码存盘

2）系统弹出新菜单，并提示“拾取加工轨迹”，先将“立即”菜单中的第1项改为“对齐指令格式”，再将第4项“暂停码”改为大写的“A”，然后选择绿色的加工轨迹，右击结束轨迹拾取，系统自动生成3B程序，并在本窗口中显示程序内容。

课题2 模板镶件的加工

3.2.1 加工模板镶件的注意事项

22 镶件任务安排与学生实作

模板镶件加工，应先加工内孔，再加工外形。首先，将电极丝穿入穿丝孔，找中心，开机加工至机床自动暂停，显示图3-7所示的抽丝提示时，关闭“变频”、“高频”、“加工”后抽丝。抽丝结束，开“变频”，按〈Enter〉键使机床按跳步程序段空走，空走完毕后显示图3-8所示提示。关闭“变频”，再穿丝。准备就绪后，依次按手控盒上的“开丝”、“开水”，再按控制柜上的“加工”、“高频”、“变频”开关，再按〈Enter〉键，机床继续加工零件的外形。

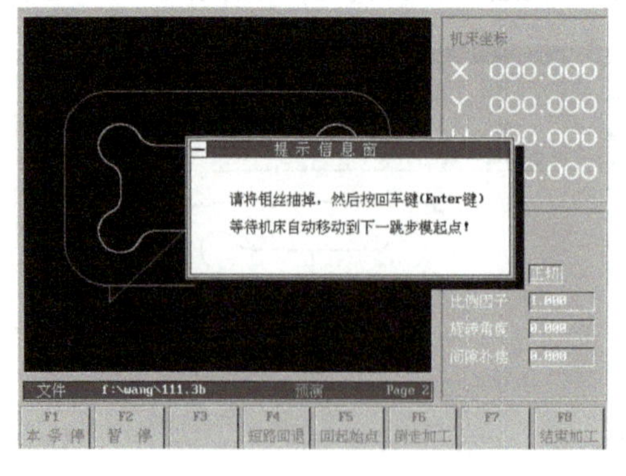

图3-7 提示抽丝

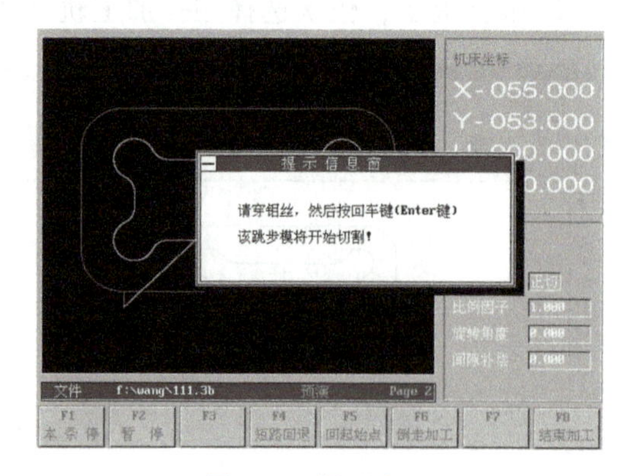

图3-8 提示穿丝

3.2.2 完成模板镶件的编程与加工

说明：利用所学知识，自行设计一个模板镶件（凸凹模零件），完成零件的程序编制与加工检测，教师根据学生的操作情况，现场巡回指导，并按照表 3-1 要求对学生进行成绩评定。

注意：学生在设计零件图时要考虑已经备料的模板大小和穿丝孔大小，保证外形切割时型孔穿丝点到外形轮廓穿丝点之间的垂直（或水平）距离大于模板上穿丝孔到模板相应边缘的距离。

表 3-1 项目 3 成绩评定表

3. 模板镶件的编程与加工

自行设计一个模板镶件（凸凹模零件），完成零件的编程与加工（或仿真加工）。

电极丝直径：__________
单边放电间隙：__________
型孔补偿值：__________
外形补偿值：__________
切割方向：__________
工件夹持：__________边

程序（20 分）	绘图、补偿值、引线、切割方向		得分	
操作（36 分）	工件装夹、定位、穿丝、参数设置、操作熟练程度等		得分	
表面粗糙度（10 分）			得分	
工件尺寸（24 分，超差 0.04 mm 不得分）	学生自检	教师检测	得分	
其他（10 分）			得分	
项目成绩		评分教师		

项目小结

通过本项目的学习，应掌握如下知识。

1. 巩固线切割加工中基准件偏移量的计算。
2. 凸模与凹模引入线、引出线位置的确定和切割方向的选取。
3. 内孔与外形轨迹跳步的自动编程方法与技巧。
4. 穿丝的方法。
5. 工件的装夹、找正与电极丝定位方法。
6. 模板镶件的加工方法与基本步骤。
7. 尺寸的检测。

思考与练习

1. 外形轨迹生成时，应如何确定引入线、引出线的长度？
2. 轨迹跳步时为什么要先选择内孔的加工轨迹线？
3. 手工编制凸凹模时，引入线是否考虑补偿值？

项目 4 基准件与配合件的线切割编程与加工

项目内容

在本项目中，要完成如图 4-1 所示两个零件的加工。已知：材料为 45 钢，厚度为 8 mm。

1. 零件图形

以凸模为基准件，凹模为配合件，双边配合间隙为 0.08 mm，加工基准件和配合件。

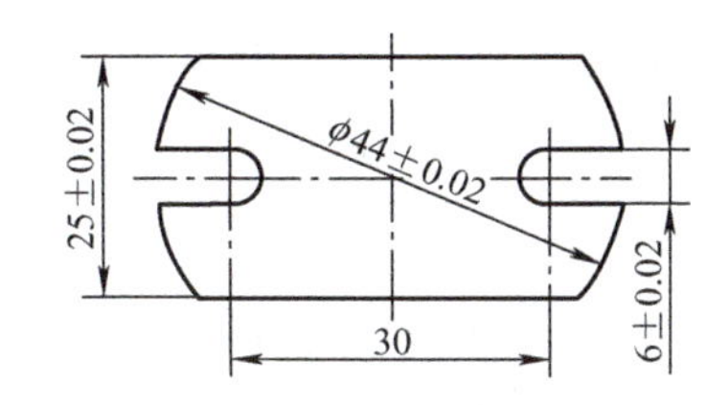

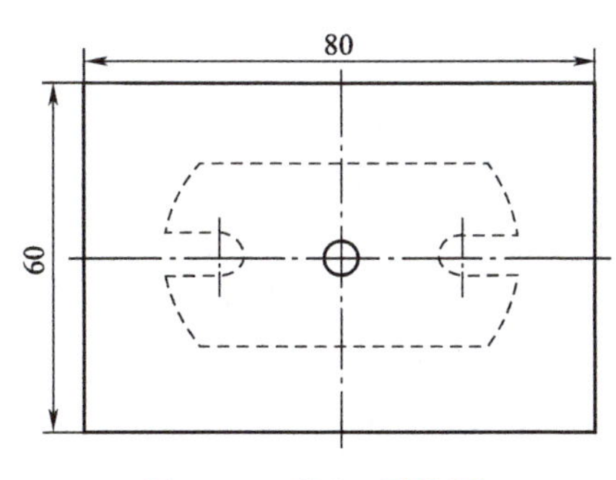

图 4-1　项目 4 零件图

2. 编程与加工要求

1）根据电极丝实际直径和配合间隙，正确计算基准件与配合件的偏移量。

2）根据图形特点，正确选择凸模与凹模的引入线位置和切割方向。

3）根据材料种类和厚度，正确设置脉冲参数。

4）根据程序的引入位置和切割方向，正确装夹工件、穿丝和定位电极丝。

5）操作机床，进行零件加工。

知识点

为了完成上述零件的加工，本项目着重讲述如下课题。

课题 1　基准件与配合件的切割工艺与编程技巧

课题 2　完成基准件与配合件的编程与加工

➤ 学习内容

课题1 基准件与配合件的切割工艺与编程技巧

4.1.1 基准件的程序编制

基准件的编程方法与凸模类零件一致，此处不再讲解。

4.1.2 配合件的程序编制

配合件的编程方法与凹模类零件一致，只是在编程时其偏移量要根据电极丝的半径、放电间隙、单边配合间隙进行计算。在生成加工轨迹时将配合件偏移量输入到轨迹生成参数表里。

23 基准件与配合件的切割工艺与编程

1. 偏移方向的确定

加工工件的外形轮廓（即凸模类零件）时，电极丝中心轨迹应向外偏移。加工内孔（即凹模类零件）时，电极丝中心轨迹应向内偏移。

2. 偏移量（补偿值）的确定

基准件：按图样尺寸加工的零件，其偏移量计算公式为

基准件偏移量(补偿值)=实际电极丝半径+单边放电间隙

配合件：与基准件按一定的关系配合的零件。如在冷冲模中，以凸模为基准件，凹模、固定板、卸料板作为配合件，其偏移量计算公式为

配合件偏移量=基准件偏移量-单边配合间隙

例如：已知本项目加工中电极丝直径为0.18 mm，单边放电间隙为0.01 mm，以凸模为基准件，凹模为配合件，双边配合间隙为0.08 mm，编制基准件与配合件程序。则基准件偏移量为0.18 mm/2+0.01 mm=0.1 mm，配合件偏移量为0.1 mm-0.04 mm=0.06 mm，输入如图4-2所示的线切割轨迹生成参数表中。

编制配合件程序方法与基准件一样，只是偏移量（补偿值）不同。

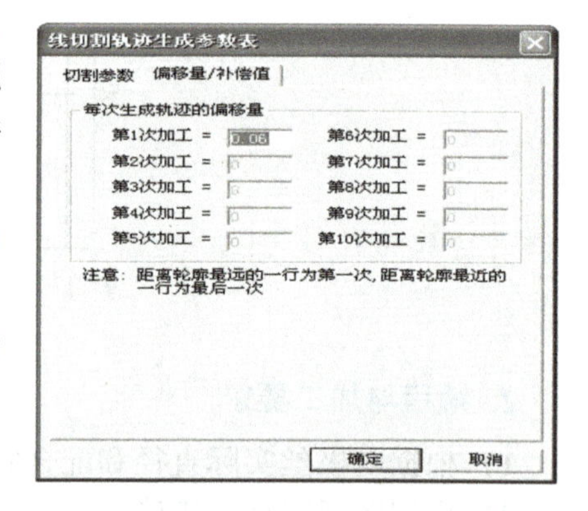

图4-2 线切割轨迹生成参数表

3. 编程提示

按基准件绘制图形，完成基准件程序编制，存盘后，删除轨迹图，直接在基准件图形上生成配合件的轨迹图和配合件程序。注意，把轨迹生成参数中的偏移量修改为配合件的偏移量。

课题2 完成基准件与配合件的编程与加工

24 配合件任务安排与学生实作

说明：利用所学知识，自行设计一个凸模、凹模配合的零件，完成零件的程序编制与加工检测，教师根据学生的操作情况，现场巡回指导，并按照表4-1要求对学生进行成绩评定。

注意：在编制基准件与配合件程序时只需要绘制基准件图形。加工时用相同直径的电极丝加工，才能保证二者的准确配合间隙。当加工完一件，遇到断丝要更换新丝时，需要重新测量电极丝直径，并根据电极丝变化情况修改程序。

表 4-1　项目 4 成绩评定表

4. 凸模与凹模配合零件的编程与加工
加工要求： 自行设计凸模、凹模配合的零件，以__________为基准件，__________为配合件，双边配合间隙__________mm，加工基准件与配合件。 （1）基准件的编程与加工 电极丝直径：__________ 单边放电间隙：__________ 基准件补偿值：__________ 切割方向：__________ 工件夹持：__________边

（续）

4. 凸模与凹模配合零件的编程与加工

（2）配合件编程与加工

配合件补偿值：__________
切割方向：__________
工件夹持：__________边

<table>
<tr><td>程序（20分）</td><td colspan="7">绘图、补偿值、引线、切割方向等</td><td>得分</td><td></td></tr>
<tr><td>操作（30分）</td><td colspan="7">工件装夹、定位、穿丝、参数设置、操作熟练程度等</td><td>得分</td><td></td></tr>
<tr><td>表面粗糙度（10分）</td><td colspan="7"></td><td>得分</td><td></td></tr>
<tr><td rowspan="3">工件尺寸（30分，超差0.04 mm不得分）</td><td></td><td colspan="3">基准件尺寸</td><td colspan="3">配合件尺寸</td><td>得分</td></tr>
<tr><td>自检尺寸</td><td></td><td></td><td></td><td></td><td></td><td></td><td rowspan="2"></td></tr>
<tr><td>教师检测</td><td></td><td></td><td></td><td></td><td></td><td></td></tr>
<tr><td>其他（10分）</td><td colspan="7"></td><td>得分</td><td></td></tr>
<tr><td>项目成绩</td><td colspan="4"></td><td colspan="3">评分教师</td><td></td></tr>
</table>

项目小结

通过本项目的学习，应掌握如下知识。

1. 线切割加工中基准件和配合件的偏移量计算。
2. 凸模、凹模引入线、引出线位置的确定和切割方向的选取。
3. 穿丝的方法。
4. 凸模、凹模工件的装夹、找正与电极丝定位方法。
5. 两配合零件的加工方法与基本步骤。
6. 尺寸的检测。

思考与练习

1. 按图4-1所示的零件尺寸，以凸模为基准件，凹模为配合件，双面配合间隙为0.04 mm，编写凸模和凹模的程序并加工。

2. 按图4-1所示的零件尺寸，以凹模为基准件，凸模为配合件，双面配合间隙为0.04 mm，编写凹模和凸模的程序并加工，试问与上题结果一样吗？

项目 5 锥度与异面类零件的线切割编程与加工

➤ 项目内容

在本项目中，要完成如图 5-1、图 5-2 所示两个零件的编程与加工。

1. 零件图形

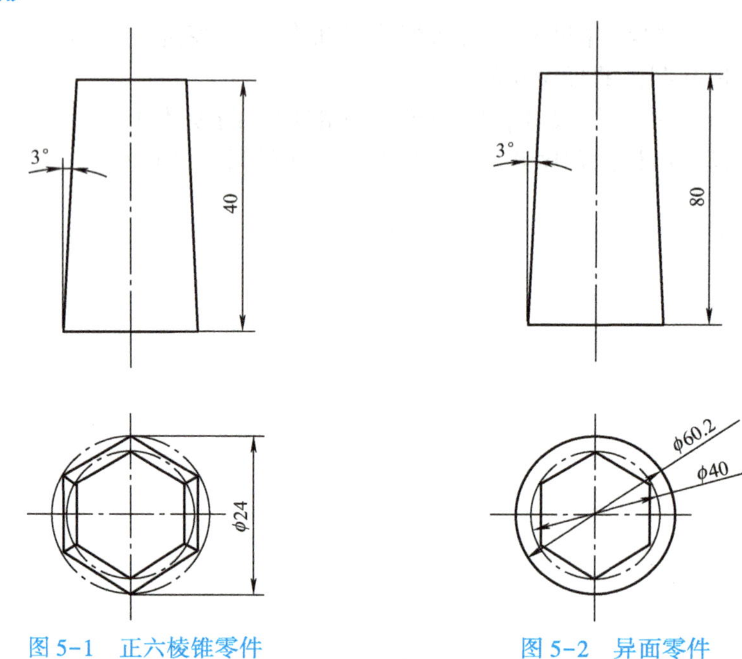

图 5-1　正六棱锥零件　　图 5-2　异面零件

2. 编程与加工要求

1）根据电极丝实际直径，正确计算偏移量。

2）根据图形特点，正确选择引入线位置、切割方向和自动编程操作。

3）根据材料种类和厚度，正确设置脉冲参数。

4）根据程序的引入位置和切割方向，正确装夹工件和定位电极丝。

5）操作机床，进行零件的加工。

➤ 知识点

为了完成上述零件的加工，本项目着重讲述如下课题。

课题 1　HF 系统线切割软件介绍

课题 2　HF 系统锥度类零件的编程方法

课题 3　HF 系统异面类零件的编程方法

课题 4　HF 系统机床操作方法介绍

课题5 北京迪蒙卡特线切割机床锥度异面的编程方法

课题6 完成锥度与异面类零件的编程与加工

> **学习内容**

课题1 HF系统线切割软件介绍

对于锥度和异面类零件的自动编程，企业及学校用得较多的是HF系统线切割软件进行编程和线切割加工。下面就该软件进行介绍。

5.1.1 HF系统线切割软件的基本术语和约定

HF系统线切割软件，是一个高度智能化的图形交互式软件系统。通过简单、直观的绘图工具，将所要进行切割的零件形状描绘出来；按照工艺要求，将描绘出来的图形进行编排等处理，再通过系统处理成一定格式的加工程序。该软件中的基本术语和约定如下。

（1）辅助线　辅助线用于求解和产生轨迹线（也称为切割线）的几何元素。它包括点、直线、圆。在软件中将点用红色表示，直线用白色表示，圆用高亮度白色表示。

（2）轨迹线　轨迹线是具有起点和终点的曲线段。软件中将直线段的轨迹线用淡蓝色表示，圆弧段的轨迹线用绿色表示。

（3）切割线方向　它表示切割线的起点到终点的方向。

（4）引入线和引出线　它们是一种特殊的切割线，用黄色表示，且成对出现。

（5）约定

1）在全绘图方式编程中，用鼠标确定了一个点（或一条线）后，可使用鼠标或键盘再输入一个点的参数（或一条线的参数），但使用键盘输入一个点的参数（或一条线的参数）后，就不能用鼠标来确定下一个点（或下一条线）。

2）为了在以后的绘图中能精确地指定一个点、一条线、一个圆或某一个确定的值，软件中可对这些点、线、圆、数值作上标记。

软件规定：

Pn（Point）表示点，并默认P0为坐标系的原点。

Ln（Line）表示线，并默认L1、L2分别为坐标系的X轴、Y轴。

Cn（Cycle）表示圆。

Vn（Value）表示某一确定的值。软件中用PI表示圆周率（$\pi=3.1415926\cdots$）；用$V2=\pi/180$，$V3=180/\pi$。

5.1.2 HF系统软件界面及功能模块介绍

主菜单界面如图5-3所示，由全绘编程、加工、异面合成等主要模块组成。

在主菜单下，单击“全绘编程”按钮就出现如图5-4所示的界面。

图形显示框：是所画图形的显示区，在整个“全绘式编程”过程中这个区域始终存在。

图5-3 HF软件系统主菜单

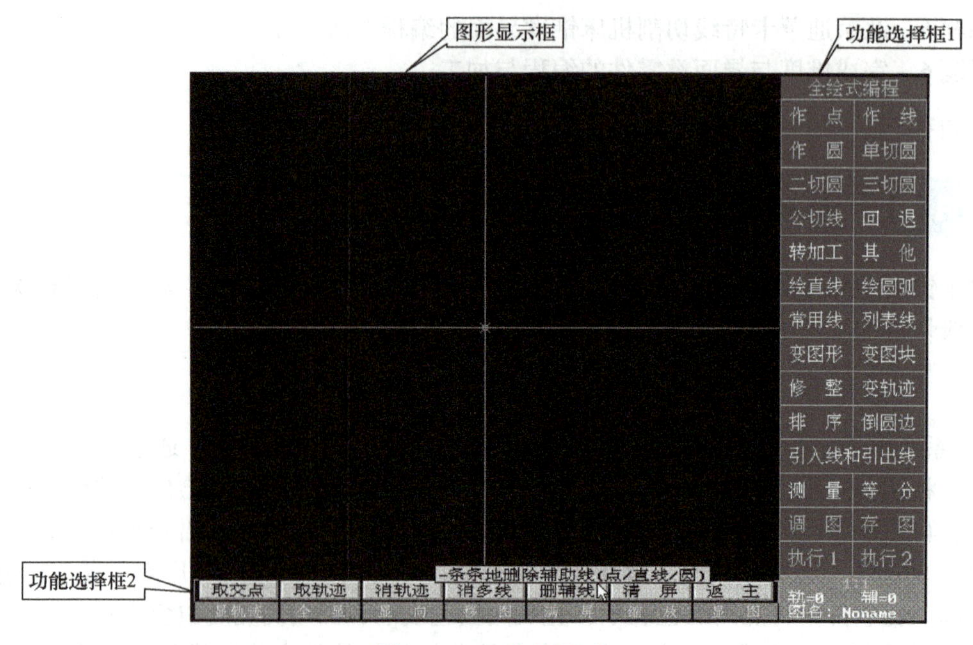

图 5-4 HF 软件界面

功能选择框：是功能选择区域，一共有两个。在整个“全绘式编程”过程中这两个区域随着功能的不同选择而变化，其中“功能选择框 1”变成了“功能说明框”，“功能选择框 2”变成了“对话提示框和热键提示框”，如图 5-5 所示。

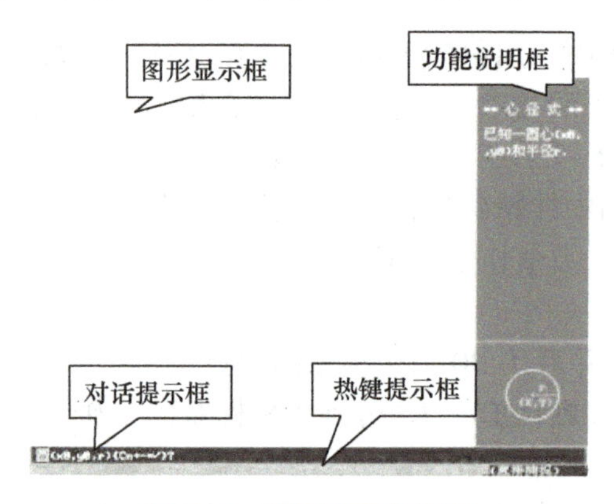

图 5-5 功能界面变化图

图 5-5 所示为选择了“作圆”→“心径式”后出现的界面，此界面中“图形显示框”与图 5-4 的一致。

功能说明框：将功能的说明和图例显示出来，供操作者参考。

对话提示框：提示输入的圆心和半径，当根据要求输入参数后，按〈Enter〉键即可在“图形显示框”内显示。

热键提示框：提示在功能中可以使用的热键内容。

以上两个界面为“全绘式编程”中常出现的界面，第二个界面会随着选择功能的不同而显示不同的内容。

图 5-4 中“功能选择框 1”的各个功能按钮的属性如图 5-6 所示。

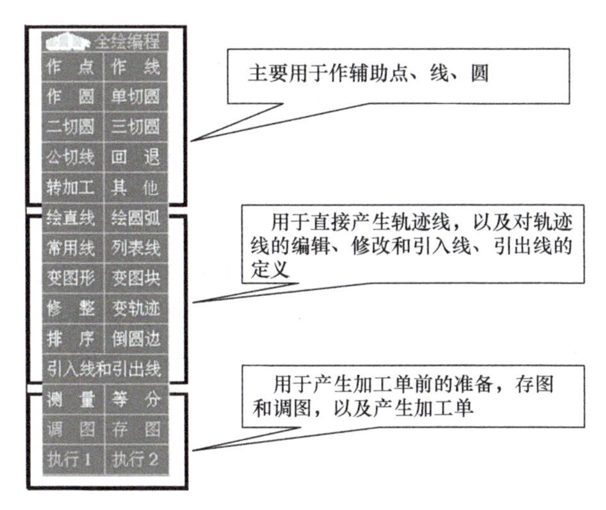

图 5-6　功能模块划分图

“功能选择框 2”是单一功能的选择对话框（图 5-7）。

取交点	取轨迹	消轨迹	消多线	删辅线	清　屏	返　主
显轨迹	全　显	显　向	移　图	满　屏	缩　放	显　图

图 5-7　单一功能的选择对话框

各按钮含义如下。

取交点：在图形显示区内，定义两条线的相交点。

取轨迹：在某一曲线上两个点之间选取该曲线的这一部分作为切割的路径；取轨迹时这两个点必须同时出现在绘图区内。

消轨迹：为上一步的反操作，即删除轨迹线。

消多线：对首尾相接的多条轨迹线的删除。

删辅线：删除辅助的点、线、圆。

清　屏：清除图形显示区的所有几何元素。

返　主：返回主菜单的操作。

显轨迹：在图形显示区内只显示轨迹线，将辅助线隐藏起来。

全　显：显示全部几何元素（辅助线、轨迹线）。

显　向：预览轨迹线的方向。

移　图：移动图形显示区内的图形。

满　屏：将图形自动充满整个屏幕。

缩　放：将图形的某一部分进行放大或缩小。

显　图：它由一些子功能组成，如图 5-8 所示，其中“显轨迹线”、“全显”、“图形移动”与上面所介绍的“显轨迹”、“全显”、“移图”是相同的。“全消辅线”和“全删辅线”有所不同，“全消辅线”是将辅助线完全删去，删去后不能通过恢复功能恢复；而“全删辅线”是可通过恢复功能将删去的辅助线恢复到图形显示区内。其他功能名称对功能的描述很清楚，这里不再一一说明。

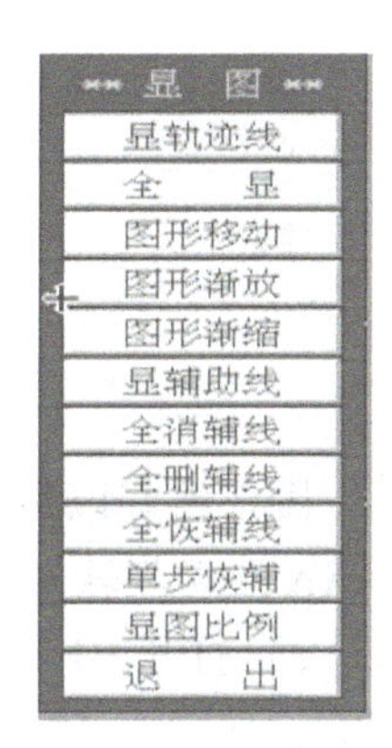

图 5-8　“显图”功能的子菜单

课题2 HF系统锥度类零件的编程方法

以图5-1所示锥度零件的编程、仿真加工为例进行锥度类零件编程方法的介绍。

5.2.1 锥度零件图形的绘制

锥度零件图形的绘制有3种方法。第一种是用通用的AutoCAD绘图；第二种是用CAXA软件进行绘图，然后用HF系统线切割软件的调图功能调入；第三种是利用HF系统线切割软件的全绘图相关模块进行绘制。

25 HF系统锥度编程

1. 利用辅助软件进行绘图

1）进入AutoCAD软件或者CAXA线切割软件进行绘图，这里以CAXA线切割绘图为例进行说明。

绘制如图5-9所示锥度零件轨迹线图时一般将图形的中心选在原点，轨迹线图必须是封闭的，而且绘图中不能有中心线及尺寸标注等。

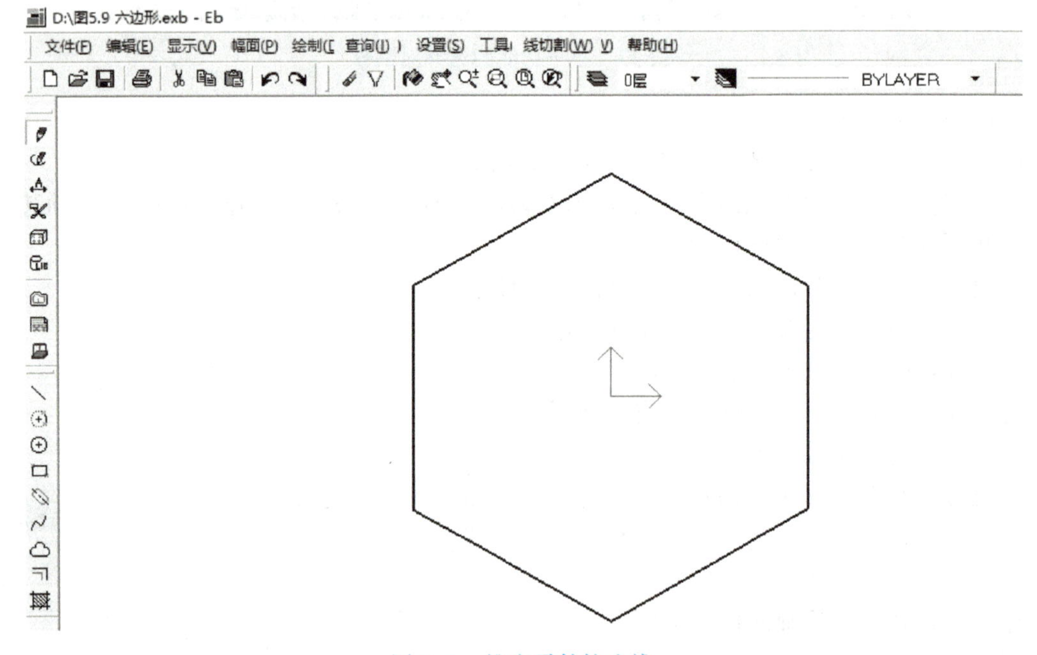

图5-9 锥度零件轨迹线

图形绘好以后存盘：若用AutoCAD软件绘图，则存盘时选择 *.dxf 文件格式；若用CAXA线切割软件绘图，则存盘时选择AUTOP格式。

2）打开HF系统线切割软件，单击“全绘式编程”→“清屏”按钮，将系统中原有图清除，如图5-10所示。

3）调图（调.dxf或AUTOP文件）。选择先前所保存的锥度零件图，调入后文件如图5-11所示；单击“回车.... 退出”按钮，调出的零件图如图5-12所示。

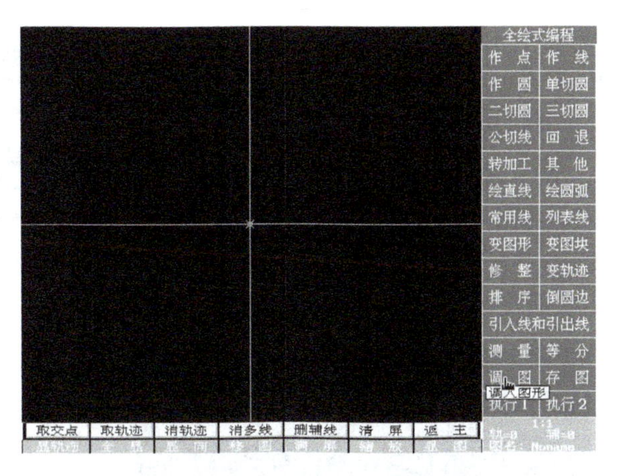

图 5-10　HF“全绘式编程”界面

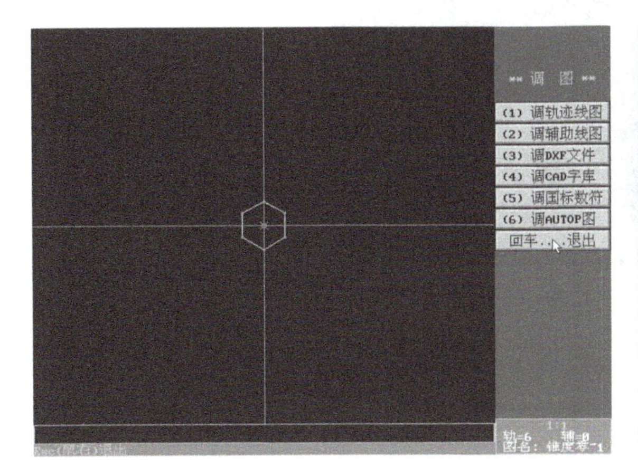

图 5-11　调图界面

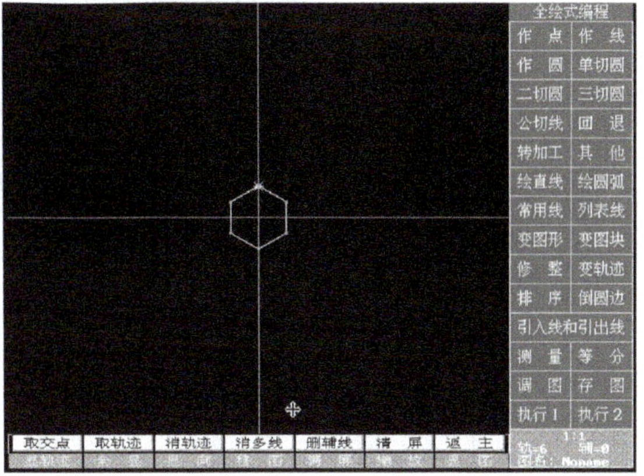

图 5-12　绘图界面

2. 直接利用 HF 系统线切割软件进行绘制

1）打开 HF 系统线切割软件，单击“全绘式编程”→“清屏”按钮，再单击能直接绘制轨迹线的黄色标志区域中的“绘直线”按钮。在“功能说明框”内显示“绘直线”子菜单，如图 5-13 所示。

2）单击“多边形”按钮，系统界面如图 5-14 所示。

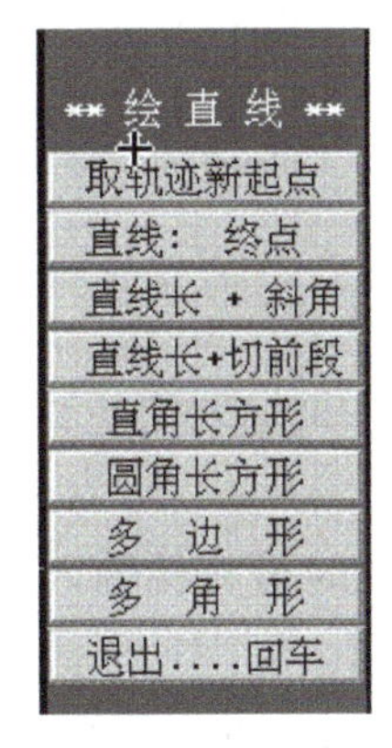

图 5-13　“绘直线”子菜单

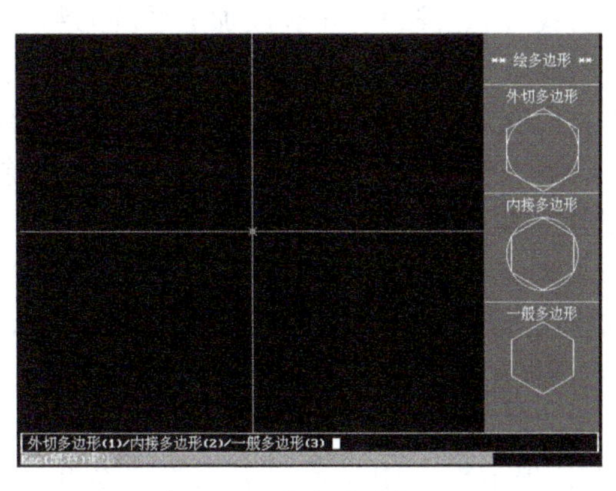

图 5-14　多边形绘制界面

此时，在“对话提示框”中有3种选择，选择第2种“内接多边形”方式绘制六边形，即输入“2”后按〈Enter〉键；“对话提示框”询问该内接圆的圆心坐标和半径值，输入圆心坐标以及半径值（0，0，12）后按〈Enter〉键；“对话提示框”继续询问多边形的边数，输入“6”后按〈Enter〉键，其过程如图5-15所示。绘制的六边形如图5-16所示。

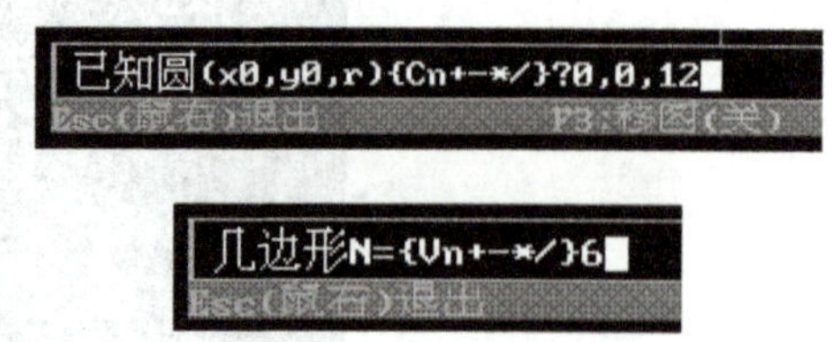

图5-15 “对话提示框”的提示信息

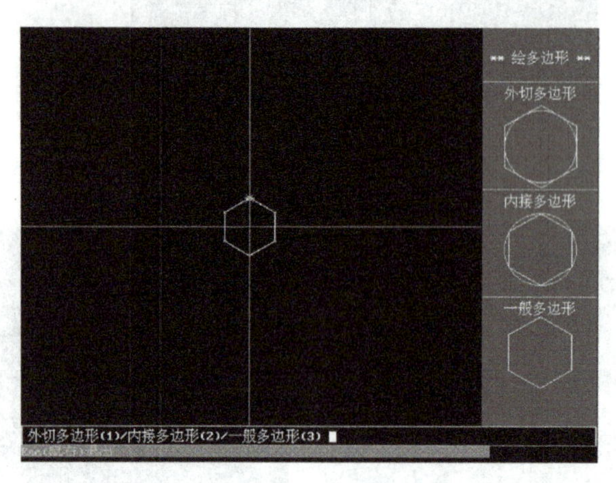

图5-16 六边形绘制图

5.2.2 生成加工轨迹及加工代码

1. 作引入线和引出线

引入线和引出线就是在加工中钼丝从哪一点切入加工，以及从哪点退出加工，并且应根据工艺要求选择工件变形小的切割路线。单击“引入线和引出线”按钮，HF系统的“功能说明框”显示如图5-17所示的引入线和引出线的子菜单。

它不仅包含引入线和引出线的作法，还包含补偿线切割加工轨迹的“修改补偿方向”和“修改补偿系数”。

作引线（端点法）：用端点来确定引线的位置和方向。

作引线（长度法）：用长度加上系统的判断来确定引线的位置和方向。

作引线（夹角法）：用长度加上与X轴的夹角来确定引线的位置和方向。

将直线变成引线：选择某直线轨迹线作为引线。

自动消引线：自动将所设定的一般引线删除。

修改补偿方向：修改引线方向。

修改补偿系数：不同的封闭图形需要有不同的补偿值时，可用不同的补偿系数来调整。

选择端点法作引线后，界面如图5-18所示。

“对话提示框”中显示“引入线的起点（Ax，Ay）?”，此时可直接输入一点的坐标或用鼠标拾取一点；此处输入起点（0，17）后按〈Enter〉键即可。

“对话提示框”中显示“引入线的终点（Bx，By）?”，此时可直接输入点的坐标（0，12）或用鼠标选取六边形的顶点后按〈Enter〉键即可。

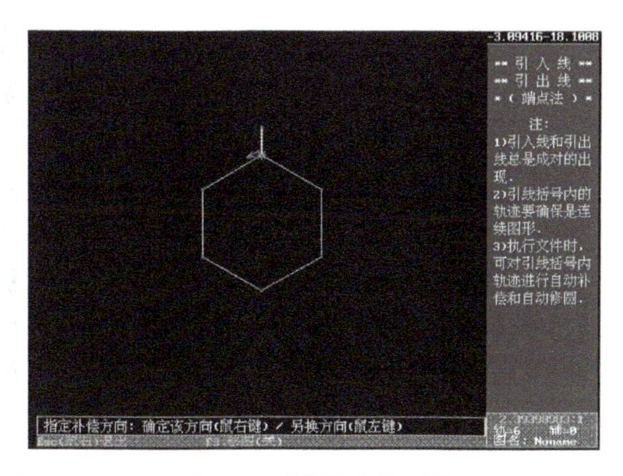

图 5-17　引入线和引出线的子菜单　　图 5-18　端点法作引线

“对话提示框”中显示“引线括号内自动进行尖角修圆的半径 sr=?（不修圆回车）”，这一功能对于一个图形中没有尖角且有很多相同半径的圆角时非常有用；此处不修圆则直接按〈Enter〉键。

“对话提示框”中显示“指定补偿方向：确定该方向（鼠右键)/另换方向（鼠左键)”。这里需要说明的是，起点的坐标在轨迹图外，终点坐标在轨迹图上，两点直线距离即为引线长度，一般取 3~5 mm。

2. 存图操作

在完成以上操作后，进行保存，便于以后调用。系统的“存图”包括“存轨迹线图”、“存辅助线图”、“存 DXF 文件”、“存 AUTOP 文件”子菜单（图 5-19)。按照这些子菜单的提示进行存图操作即可。

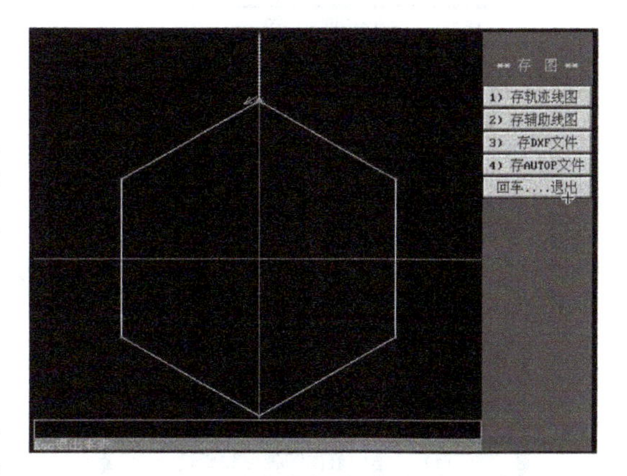

图 5-19　存图操作界面

3. 执行和后置处理

系统的执行部分有两个，即“执行 1”和“执行 2”。这两个执行的区别是：“执行 1”是对所作的图形进行执行和后置处理；而“执行 2”只对含有引入线和引出线的图形进行执行和后置处理。对于此例来说采用任何一种执行处理都可以。

现单击“执行 1”，输入间歇补偿值“0.1”，间隙补偿值 f=(ϕ/2，可为正，可为负)，如图 5-20 所示。

然后按〈Enter〉键确认后，界面如图 5-21 所示，对图中的轨迹线可以利用“显轨迹线”、“钼丝轨迹”以及“缩放”等命令进行查看确认。

确认无误后，单击“后置”按钮，系统弹出如图 5-22 所示的菜单，选择“(6)生成锥度加工单....”，系统弹出如图 5-23 所示的界面。选择“(1)给出锥体的锥度和厚度”，根据提示输入锥度“3”，工件厚度“40”。然后按〈Enter〉键确认后界面如图 5-24 所示。

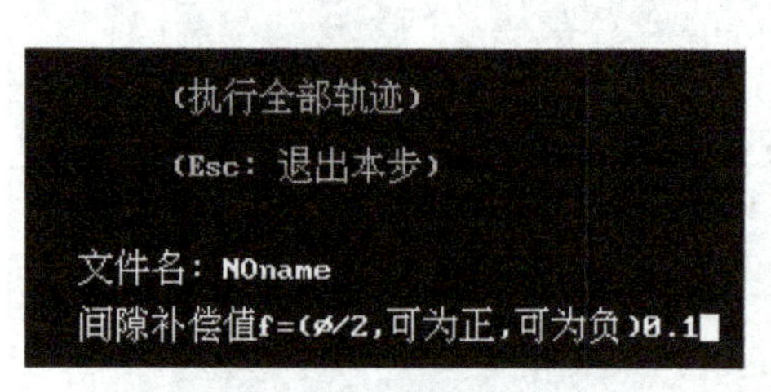

图 5-20 输入间隙补偿值界面

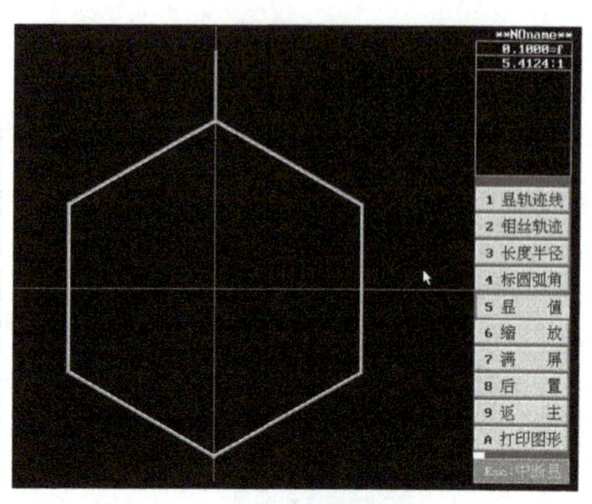

图 5-21 轨迹线界面

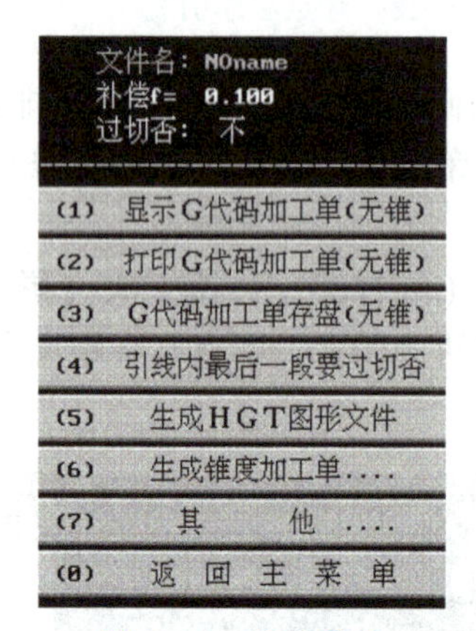

图 5-22 后置菜单

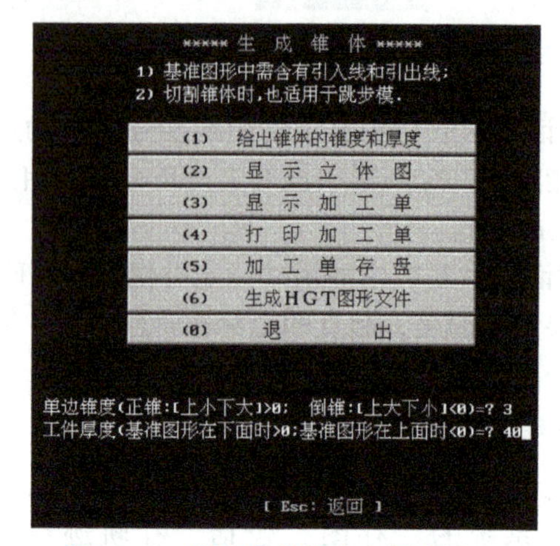

图 5-23 输入锥体锥度和厚度界面

4. 生成加工单及存盘

单击“(2)显示立体图”按钮，可得如图 5-25 所示锥度零件的立体图。

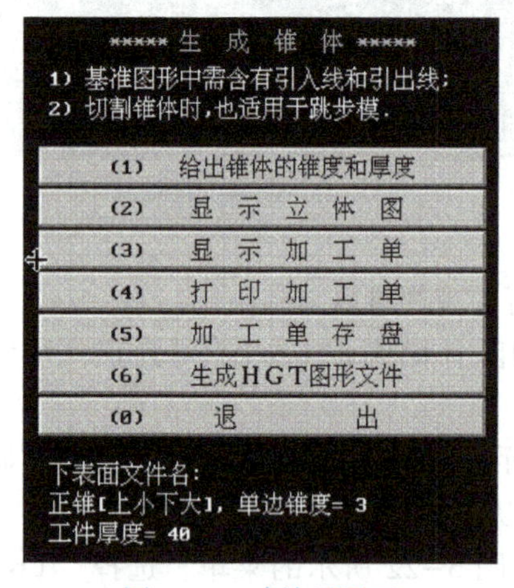

图 5-24 确认后界面

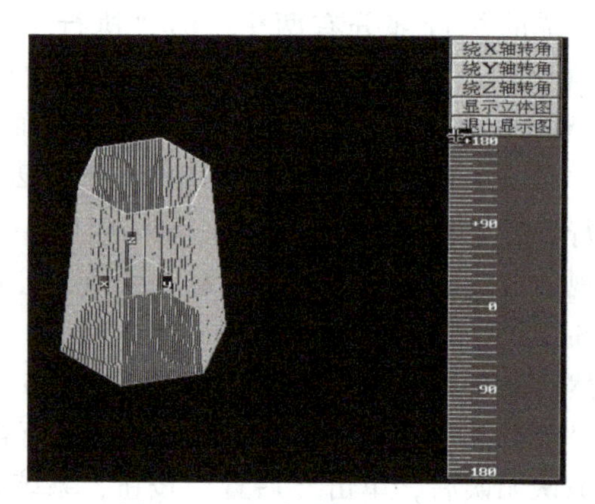

图 5-25 锥度零件的立体图

退出立体图，回到图 5-24 所示界面，单击“(3)显示加工单”按钮，可得到如图 5-26 所示的加工单界面。

再退回到图 5-24 所示界面，单击“(5)加工单存盘”按钮，在图 5-27 所示界面中输入存盘路径及文件名，如 d:\zhuidu\zd，然后退出界面，回到主菜单。

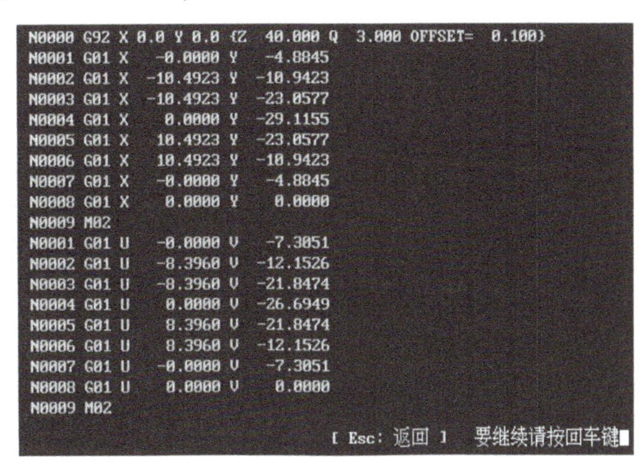

```
N0000 G92 X 0.0 Y 0.0 {Z  40.000 Q  3.000 OFFSET=  0.100}
N0001 G01 X   -0.0000 Y   -4.8845
N0002 G01 X  -10.4923 Y  -10.9423
N0003 G01 X  -10.4923 Y  -23.0577
N0004 G01 X    0.0000 Y  -29.1155
N0005 G01 X   10.4923 Y  -23.0577
N0006 G01 X   10.4923 Y  -10.9423
N0007 G01 X   -0.0000 Y   -4.8845
N0008 G01 X    0.0000 Y    0.0000
N0009 M02
N0001 G01 U   -0.0000 V   -7.3051
N0002 G01 U   -8.3960 V  -12.1526
N0003 G01 U   -8.3960 V  -21.8474
N0004 G01 U    0.0000 V  -26.6949
N0005 G01 U    8.3960 V  -21.8474
N0006 G01 U    8.3960 V  -12.1526
N0007 G01 U   -0.0000 V   -7.3051
N0008 G01 U    0.0000 V    0.0000
N0009 M02
                              [ Esc: 返回 ]   要继续请按回车键
```

图 5-26　加工单界面

***** 生 成 锥 体 *****
1) 基准图形中需含有引入线和引出线;
2) 切割锥体时,也适用于跳步模.
(1)　给出锥体的锥度和厚度
(2)　显 示 立 体 图
(3)　显 示 加 工 单
(4)　打 印 加 工 单
(5)　加 工 单 存 盘
(6)　生成HGT图形文件
(0)　退　　出
下表面文件名:
正锥[上小下大], 单边锥度= 3
工件厚度= 40
请给出存盘的文件名[.3轴] d:\zhuidu\zd
[Esc: 返回]

图 5-27　存盘界面

5.2.3　锥度零件加工轨迹的模拟

退回到主菜单后，单击“加工”，进入加工主界面，如图 5-28 所示，单击“读盘”→“读 G 代码程序”，然后在如图 5-29 所示界面中选择刚存盘的文件“ZD.3 轴”。

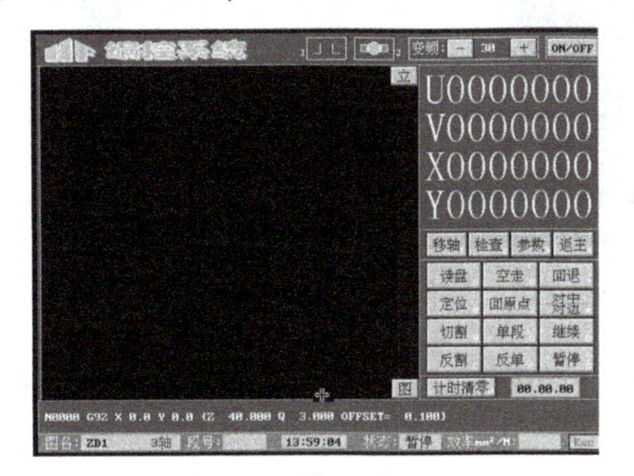

图 5-28　加工主界面

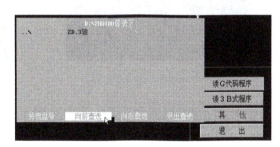

图 5-29　加工单读入界面

在读盘过程中会显示导轮间的距离以及导轮半径，这两个参数要根据机床实际情况测得。读完数据后，单击图 5-28 界面中的“检查”按钮，计算导轮以及轨迹模拟如图 5-30、图 5-31 所示。

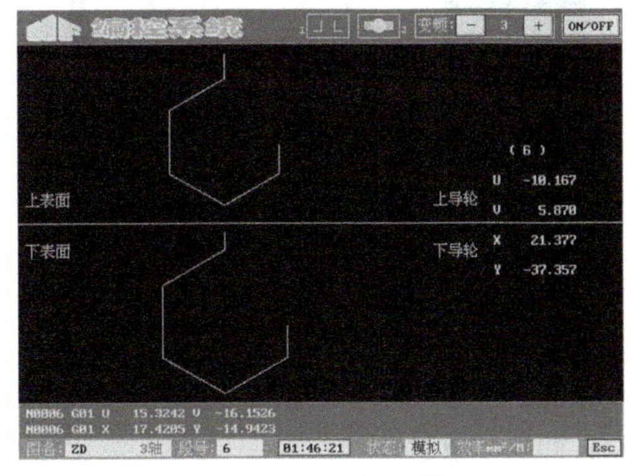

图 5-30　平面轨迹模拟

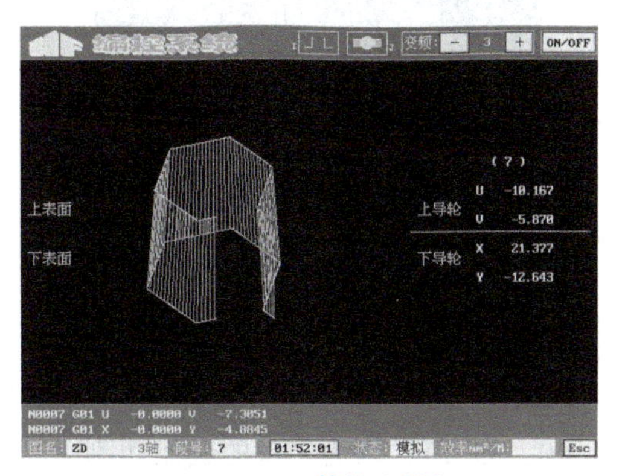

图 5-31　立体轨迹模拟

课题3　HF系统异面类零件的编程方法

本课题以图5-2所示的异面零件的编程、仿真加工为例进行异面类零件编程方法的介绍。

5.3.1　HGT图形文件准备

26　HF系统异面编程操作

异面类零件的特点是上、下表面异形，因此异面零件有两个轨迹图。上轨迹图的生成步骤同锥度零件的生成方法一样，异面零件的上轨迹图如图5-32所示。不同的是，在作完引入线和引出线后，在“后置”菜单上应选择“(5)生成HGT图形文件”，保存备用，如图5-33所示。并将上轨迹图命名为“yms”。

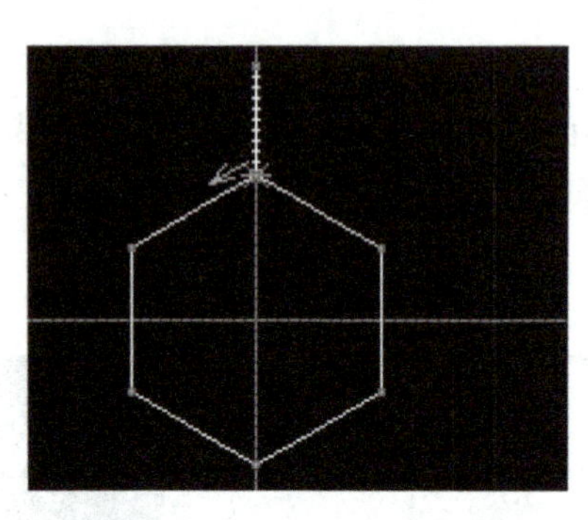

图5-32　异面零件上轨迹图

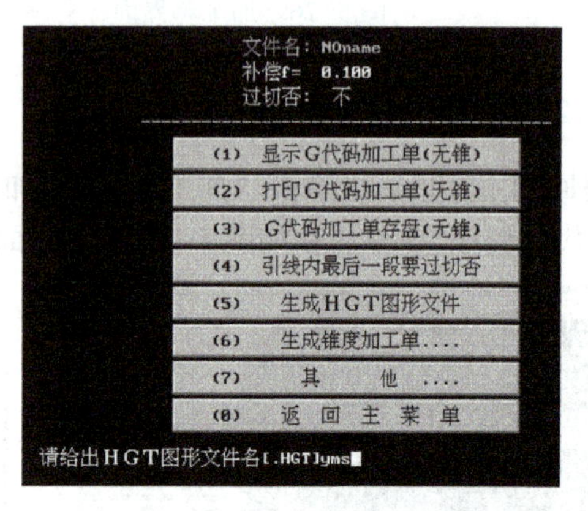

图5-33　上轨迹HGT文件命名界面

同样步骤绘制异面零件的下轨迹图（图5-34），重复以上步骤生成HGT文件，并命名为“ymx”以作备用（图5-35）。

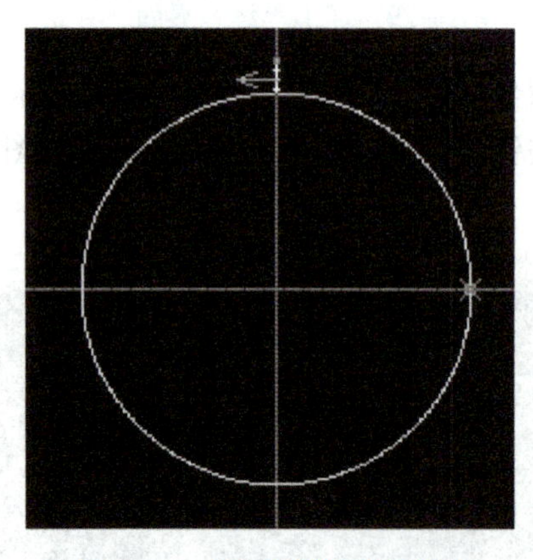

图5-34　异面零件下轨迹图

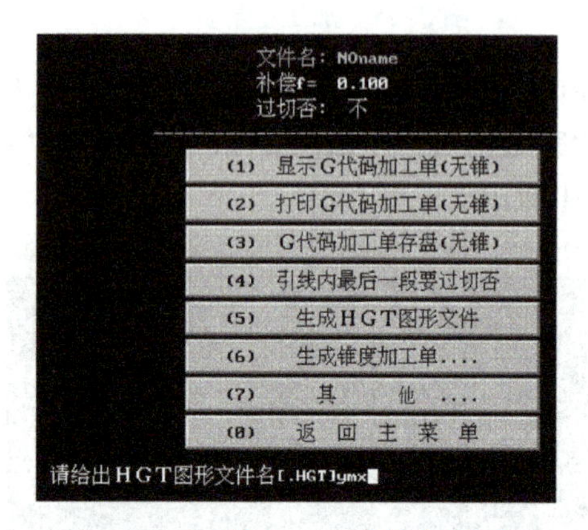

图5-35　下轨迹HGT文件命名界面

注意：在作引入线和引出线时，上、下轨迹的起点应选择同一坐标点。本例选择的起始点为（0，35.1），因为钼丝的起始切割上、下点处于同一位置。

5.3.2 异面合成

退回到主界面后单击“异面合成”（图5-3）进入如图5-36所示的合成异面体界面。

注意：如果HGT图形未按要求准备好，应重新准备。

单击“(1)给出异面图形名”，输入上、下轨迹图形名“yms”、“ymx”，并给出异面零件的高度“80”。同时选择“按长度合成”，如图5-37所示。按〈Enter〉键确认后得到的合成异面体界面如图5-38所示。

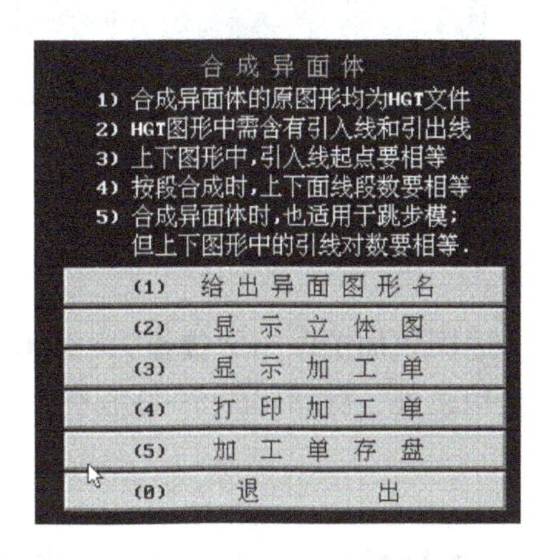

图5-36 合成异面体界面

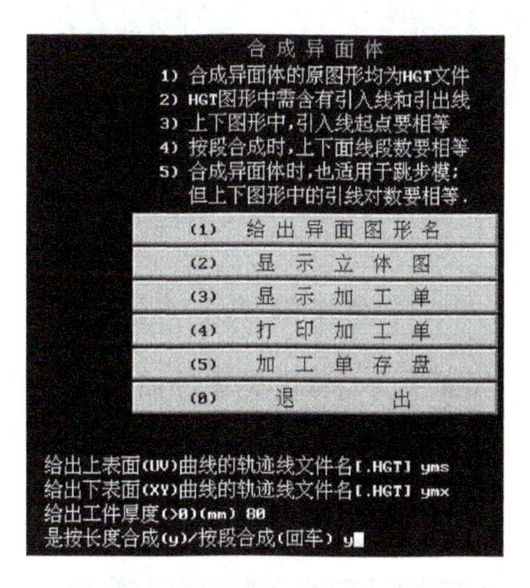

图5-37 给出异面体图形名及高度

5.3.3 生成加工单及存盘

选择图5-38中的“(2)显示立体图”选项，得到如图5-39所示的立体图。

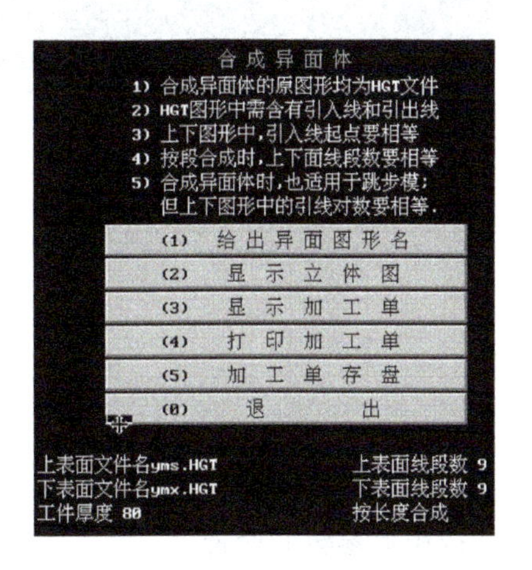

图5-38 合成异面体界面

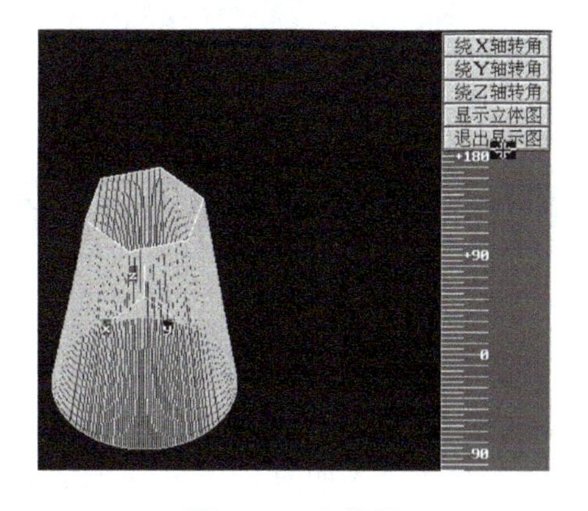

图5-39 立体图

选择“(3)显示加工单”，得到如图5-40所示的加工单。

选择“(5)加工单存盘”，在图5-41中输入存盘路径及文件名，如d:\zhuidu\ym，然后退出界面，回到主菜单。

```
N0000 G92 X    0.0000 Y    0.0000 (Z   80.0000)
N0001 G01 X    0.0000 Y   -4.9000
N0002 G03 X  -26.1540 Y  -20.0000 I    0.0000 J  -35.1000
N0003 G03 X  -26.1540 Y  -50.2000 I    0.0000 J  -35.1000
N0004 G03 X    0.0000 Y  -65.3000 I    0.0000 J  -35.1000
N0005 G03 X   26.1540 Y  -50.2000 I    0.0000 J  -35.1000
N0006 G03 X   30.2000 Y  -35.1000 I    0.0000 J  -35.1000
N0007 G03 X   26.1540 Y  -20.0000 I    0.0000 J  -35.1000
N0008 G03 X    0.0000 Y   -4.9000 I    0.0000 J  -35.1000
N0009 G01 X    0.0000 Y    0.0000
N0010 M02
N0001 G01 U   -0.0000 V  -14.9845
N0002 G01 U  -17.4205 V  -25.0423
N0003 G01 U  -17.4205 V  -45.1577
N0004 G01 U    0.0000 V  -55.2155
N0005 G01 U   17.4205 V  -45.1577
N0006 G01 U   17.4205 V  -35.1000
N0007 G01 U   17.4205 V  -25.0423
N0008 G01 U   -0.0000 V  -14.9845
N0009 G01 U    0.0000 V    0.0000
N0010 M02
                    [ Esc: 返回 ]   要继续请按回车键
```

图 5-40 加工单

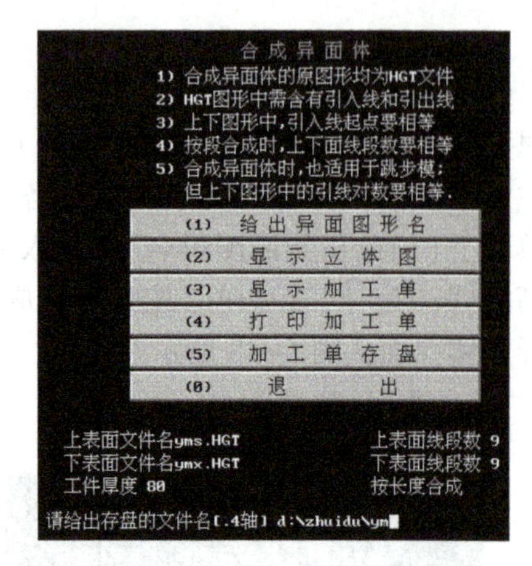

图 5-41 加工文件存盘

5.3.4 异面零件加工轨迹模拟

在主界面中，与锥度类零件加工轨迹模拟一样，选择“加工”→“读盘”→“G代码程序”，选择刚保存的 ym.4 文件，读入后选择检查，模拟轨迹，得到如图 5-42 和图 5-43 所示的平面轨迹和立体轨迹。

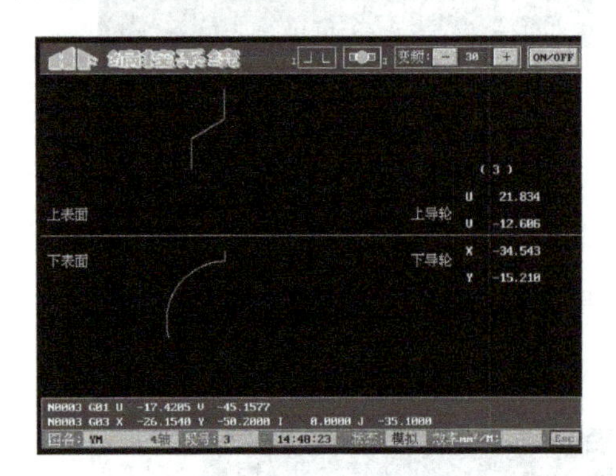

图 5-42 平面轨迹模拟

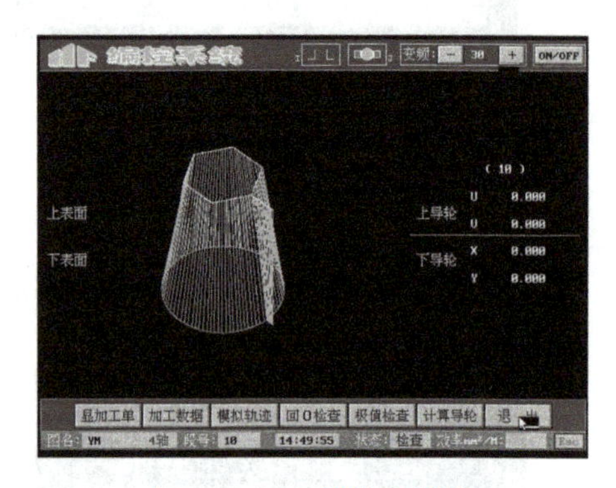

图 5-43 立体轨迹模拟

课题4 HF系统机床操作方法介绍

5.4.1 HF系统加工界面介绍

在编控系统主菜单中（图 5-3）选择“加工”，或在“全绘式编程”下（图 5-4）选择“转向加工”便可进入如图 5-28 所示的加工界面，进行相关参数的设置。

1. 参数

“参数”中的内容是需要用户设置的，其各个参数如图 5-44 所示。

进行锥度加工和异面体加工时（即四轴联动），需要对“上下导轮间距离”、“下导轮到工作台面距离”、“导轮半径”这3个参数进行设置。四轴联动时（包括小锥度）均采用精确计算，即应考虑导轮半径对 X、Y、U、V 四轴运动所产生的轨迹偏差。平面加工时，则不必设置这 3 个参数，它们任意值均可。

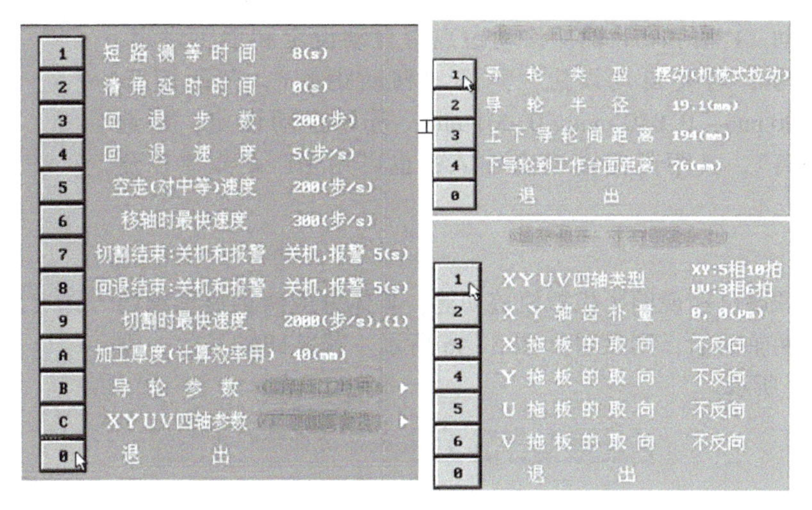

图 5-44　“参数”中的选项内容

短路测等时间：此项参数为判断加工有否短路现象而设置，通常设定为 5~10 s。

清角延时时间：用于段与段间过渡延时，其目的是改善拐角处由于电极丝弯曲造成的轨迹偏差。是可选设置，系统默认值为 0。

回退步数：加工过程中若产生短路现象，则自动进行回退。回退的步数由此项决定。手动回退时也采用此步数。它是可选设置。

回退速度：此项适用于自动回退和手动回退，是可选设置。

空走（对中等）速度：空走、回原点、对中心或对边时的速度由此项决定，是可选设置。

移轴时最快速度：移轴时的速度，是可选设置。

切割结束：关机和报警：工件加工结束时的报警提示时间，可自行设置。

回退结束：关机和报警：回退操作结束时的报警提示时间，可自行设置。

切割时最快速度：在加工高厚度或超薄工件时，由于采样频率的不稳定，往往会出现不必要的短路现象提示。对于这一问题，可通过设置切割时最快速度来解决。

加工厚度（计算效率用）：计算加工效率需设置加工零件的厚度。

导轮参数：此项有“导轮类型”、“导轮半径”、“上下导轮间距离”、“下导轮到工作台距离”4 个参数，需用户根据机床的情况来设置。

XYUV 四轴参数：此项必须设置，而且只需设置一次（一般由机床厂家设置）。

XY 轴齿补量：这一项是选择项，是针对由机床的丝杠齿隙发生变化的情况下，作为弥补误差用的。选用此项必须对齿隙进行测量，否则将会影响到加工精度。

X 拖板的取向、*Y* 拖板的取向、*U* 拖板的取向、*V* 拖板的取向：如果某轴的正反方向与所需要的相反，则选择此项（一般由机床厂家设置）。

在加工过程中，有些参数是不能随意改变的，因为在读盘生成加工数据时，已经将当前的参数考虑进去。

加工异面体时，已用到“上下导轮间距离”等参数，如果在自动加工时，改变这些参数，则会产生矛盾。在自动加工时，若修改了这些参数，系统将不予响应。

2. 移轴

图 5-45 移轴

可手动移动 *XY* 轴和 *UV* 轴，移动距离有自动设定和手工设定。如图 5-45 所示，若要自动设定，则选“移动距离”，其距离为 1.00 mm，0.100 mm，0.010 mm，0.001 mm；若要手动设定，则选“自定移动距离”，其距离需用键盘输入；也可用 HF 无绳遥控盒移轴。

3. 检查

上面两个课题已经说明了模拟轨迹功能，具体分成两轴显示和四轴显示，若是两轴显示，则菜单如图 5-46 所示。若是四轴显示，则菜单如图 5-47 所示。

显加工单 | 加工数据 | 模拟轨迹 | 回0检查 | 退 出

图 5-46 两轴显示菜单

显加工单 | 加工数据 | 模拟轨迹 | 回0检查 | 极值检查 | 计算导轮 | 退 出

图 5-47 四轴显示菜单

显加工单：可显示 G 代码加工单（两轴加工时也可显示 3B 代码加工单）。

加工数据：在四轴加工时，显示的是上表面和下表面的图形数据，同时还显示“读盘”时用到的参数和当前参数表里的参数，看其是否一致，以免误操作。

模拟轨迹：模拟轨迹时，拖板不动作。

回 0 检查：通常将加工起点定义为原点（0，0），而不管实际图形的起点是否为原点。这便于对封闭图形的回零检校。

极值检查：在四轴加工时可检查 *X*、*Y*、*U*、*V* 四轴的最大值和最小值。显示极值的目的是了解四轴的实际加工范围是否能满足该工件的加工。

由此可见，在四轴加工时，“加工数据”和“极值检查”所显示的内容是有区别的。还应当知道，*UV* 拖板总是相对于 *XY* 拖板动作，因此，*UV* 值也是相对于 *XY* 的相对值。

计算导轮：系统对导轮参数有反计算功能，如图 5-48 所示。

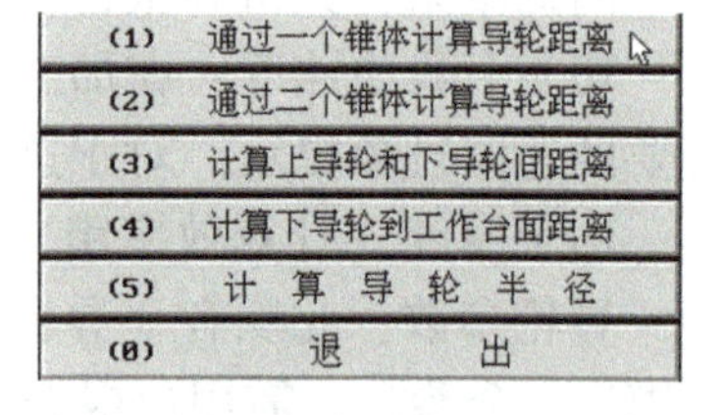

图 5-48 导轮计算

导轮的几个参数（即上下导轮间距离、下导轮到工作台面距离、导轮半径）对四轴加工，特别是对大锥度加工的影响十分显著。这些参数不是事先能测量准确的，而是用反计算功能来计算修正这些参数。

此外，根据理论推导和实验检验，还可以通过对一个上小下大的圆锥体形状的判别来修正导轮距离，一般规则如下。

若圆锥体的上圆呈“右大左尖”形状，则应改大“上下导轮间距离”；反之，若上圆呈“左大右尖”形状，则应改小“上下导轮间距离”。

若圆锥体的上圆偏大，则应改小“下导轮到工作台面距离”；反之，则改大“下导轮到工作台面距离”。

4. 读盘

加工切割时，在“全绘式编程”或“异面合成”下，可生成加工文件。文件名的后缀名为“2NC”、“3NC”、“4NC”、“5NC”。有了这些文件，就可选择“读盘”这一选项，将要加工的文件，进行相应的数据处理，然后就可加工了。

对某一加工文件“读盘”后，只要其参数表里的参数不变，再加工时，就不需要第二次“读盘”。

对 2NC 文件“读盘”时，速度较快，对 3NC、4NC、5NC 文件“读盘”时，时间要稍长一些。可在屏幕下方看到进度指示。

系统读盘时也可以处理 3B 加工单。3B 加工单可以在“后置”的“其他”中生成，也可直接在主菜单“其他”的“编辑文本文件”中编辑。当然也可以读取其他编程软件所生成的 3B 加工单。

5. 空走

空走可分正向空走、反向空走、正向单段空走和反向单段空走。空走时，可按〈Esc〉键中断空走。

6. 回退

回退即上面提到的手工回退。手工回退时，可按〈Esc〉键进行中断。手工回退的方向与自动切割的方向是相对应的，即：如果在回退之前是正向切割，那么回退是沿着反方向进行的。

7. 定位

（1）确定加工起点　对某一文件“读盘”后，系统将自动定位到加工起点。但是，如果在工件加工完毕后，又要从头再加工时，那么就必须用“定位”选项定位到起点。用“定位”还可定位到终点，或某一段的起点。注意，如果在加工中途停下，再要继续加工，则不必用“定位”。可用“切割”、“反割”、“继续”等选项继续进行未完的加工。“定位”对空走也适用。

（2）确定加工结束点　在正向切割时，加工的结束点一般为报警点或整个轨迹的结束点；在反向切割时，加工的结束点一般为报警点或整个轨迹的开始点。加工的结束点可通过定位的方法予以改变。

（3）确定是否保留报警点　加工起点、结束点、报警点在屏幕上均有显示。

8. 回原点

将 *XY* 拖板和 *UV*（如果是四轴）拖板自动复位到起点，即（0，0）。按〈Esc〉键可中断复位。

9. 对中和对边

HF 系统控制卡设计了对中和对边的有关线路，机床上不需要另接有关的专用线路。在夹具绝缘良好的情况下，可实现此功能。对中和对边时有拖板移动指示，可按〈Esc〉键中断对边和对中。采用此项功能时，钼丝的初始位置到要碰撞工件边沿的距离不得小于 1 mm。

10. 自动切割

自动切割有 6 项，分别为“切割”、“单段”、“反割”、“反单”、“继续”、“暂停”。

“切割”即正向切割；“单段”即正向单段切割；“反割”即反向切割；“反单”即反向

单段切割。在自动切割时，“切割”和“反单”，“反割”和“反向”可相互转换。

“继续”是按上次自动切割的方向继续切割。

“暂停”是中止自动切割，在自动切割方式下，〈Esc〉键不起作用。

自动切割时，其速度是由变频数来决定的，变频数越大，速度越慢。变频数越小，速度越快。变频数变化范围为1~255。在自动切割前或自动切割过程中均可改变变频数。按〈-〉键变频数变小。按〈+〉键变频数变大。也可用鼠标改变变频数，单击鼠标左键，按1递增或递减变化，单击鼠标右键则按10递增或递减变化。

在自动切割时，如遇到短路而自动回退时，则可按〈F5〉键中断自动回退。

在自动切割时，可同时进行“全绘式编程”或其他操作，此时，只要选“返主”便可回到系统主菜单，即可选择“全绘式编程”或其他选项。

在“全绘式编程”下，也可随时进入加工菜单。若仍是自动加工状态，那么屏幕上将继续显示加工轨迹和有关数据。

11. 显示图形

在自动切割、空走、模拟时均跟踪显示轨迹。在自动切割时，还可同时对显示的图形进行放大、缩小、移动等操作。在四轴加工时，还可进行平面显图和立体显图切换。

5.4.2 HF系统锥度异面零件加工

1. 机床工作前应做的工作

1）打开控制台电源，使计算机进入工作状态。

2）打开机床总电源，检查上下导轮和导电块上是否有污物，检查储丝筒行程开关位置，开液压泵，检查上下水道是否畅通。

3）开机后应按设备润滑要求，对机床有关部位注油润滑。

4）检查钼丝的垂直度。

2. 加工步骤

1）打开HF系统软件，单击“加工”进入加工界面，调入编制好的加工程序（G代码程序）。

2）在加工界面中单击“参数”→“导轮参数”修改参数，如图5-49所示。

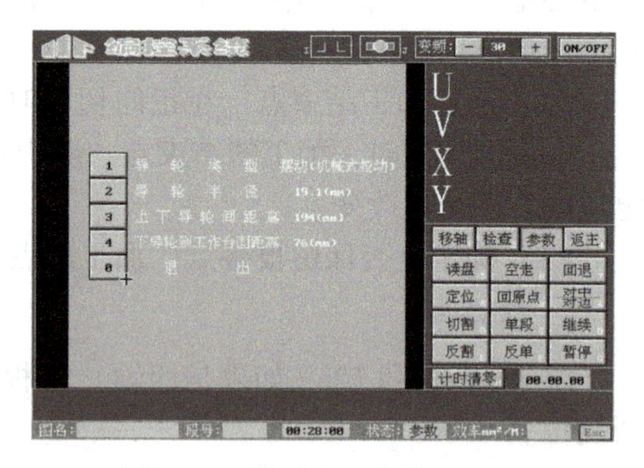

图5-49 修改加工参数的界面

3）按工件厚度、材料和技术要求选择高频电源加工参数。

4）装夹工件之前，首先消除残余应力（去磁），然后确认工件位置是否在行程范围之内。再根据编程确定的装夹方向装夹工件，保证装夹面最后切削。

5）检查钼丝是否在导轮槽内及导电块上，检查防护罩是否安装好，检查机床行程是否调好，检查工量具是否放在指定位置。

6）定位电极丝，将电极丝移动到预定的切割位置，锁住电动机，然后按“开丝”开关→开液压泵→开断丝保护及自动停机开关→选择调入的程序→开始切割（高频自动打开）。

7）注意观察加工电流，调节变频速度，防止烧丝、断丝及短路现象。

8）工件切完后，关高频电源→关液压泵→按“关丝”开关→检查工作台的 X、Y 坐标值归零（终点与起点应一致）→拆下工件洗干净→自检。

课题 5　北京迪蒙卡特线切割机床锥度异面的编程方法

5.5.1　北京迪蒙卡特线切割机床锥度异面的编程规则

北京迪蒙卡特线切割机床锥度异面编程，采用绝对坐标（单位为 μm），上、下平面图形统一坐标系，编程时每一直纹面为一段。直纹面是由上、下平面的直线段与对应的下平面的直线段或圆弧段组成的素线均为直线的特殊曲面。编程时要求出直线或圆弧段的起点和终点，而且上、下平面的起点和终点一一对应。如编制一个上平面为圆，下平面为正方形的异形件程序，需要把圆分成 4 段圆弧，即编程时使上面 4 段圆弧与下面 4 段直线一一对应。

由于该系统自动编程较烦琐，因此本课题将简单介绍该系统的手动编程方法。编程时，打开 CNC2 系统，选择“有锥度加工”，输入编制程序的存盘路径，如“F:\文件夹\. res”。注意，这里的文件扩展名是 . res。

1. 程序格式

（1）X1　Y1　上平面起点坐标

（2）X2　Y2　上平面终点坐标

（3）L（或 C）　上平面为直线用 L，圆弧用 C。若上一行为 C，则需要加入下列两行：

X0　Y0　圆心坐标

C（或 W）　C 为逆圆弧，W 为顺圆弧

（4）X3　Y3　下平面起点坐标

（5）X4　Y4　下平面终点坐标

（6）L（或 C）　下平面为直线用 L，圆弧用 C。若上一行为 C，则需要加入下列两行：

X0　Y0　圆心坐标

C（或 W）　C 为逆圆弧，W 为顺圆弧

（7）A（或 Q）　A 为段之间的分隔符，Q 为程序结束符

2. CNC2 系统锥度异面零件的程序调试方法

1）调试前需要测量如下参数。

① 工件高度：所切工件的实际高度。

② Z 轴高度：上、下导轮中心距（实际测量后应记录，以备下次使用）。

③ 导轮半径：北京迪蒙卡特机床导轮半径为 17 mm（此参数出厂时已设置好，无须改动）。

④ 下导轮与工件下平面（工作台面）的距离：此参数出厂前已设置好，无须改动。

2）打开 CNC2 系统，选择“有锥度加工”，将测量参数输入 CNC2 系统。

3）如果程序编制好并已存盘，可按〈F3〉键（加工文件），输入“程序盘符:\文件夹\程序名 . res”。如果程序未编制好，则与项目 1 所讲到的 3B 程序调试方法一样，可以选择手动输入，并保存。

4）按〈F7〉键（轨迹仿真），查看机床坐标是否归零；如果未归零，则按〈F4〉键

（编程），修改程序，直到归零为止。

5.5.2 编程举例

以图5-2所示异面零件为例进行编程说明。在编程加工时，选择大端轮廓作为上平面，还是小端轮廓作为上平面，要视装夹工件的情况而定，本例选择大端轮廓作为上平面进行编程。

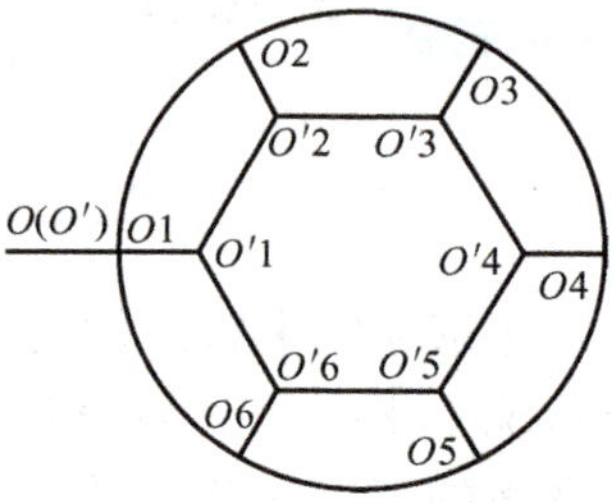

1. 绘图、求节点坐标

编程前，先用AutoCAD软件或者CAXA软件绘制好图形，异面零件的俯视图如图5-50所示，已知圆形轮廓为上平面，六边形轮廓为下平面，测量各个节点坐标，见表5-1。

图5-50 异面零件的俯视图

表5-1 异面零件俯视图各直纹面的节点坐标

节点	上平面坐标值	节点	下平面坐标值
O	(0, 0)	*O*	(0, 0)
*O*1	(2.1, 0)	*O*′1	(12.2, 0)
*O*2	(17.15, 26.07)	*O*′2	(22.2, 17.32)
*O*3	(47.25, 26.07)	*O*′3	(42.2, 17.32)
*O*4	(62.3, 0)	*O*′4	(52.2, 0)
*O*5	(47.25, −26.07)	*O*′5	(42.2, −17.32)
*O*6	(17.15, −26.07)	*O*′6	(22.2, −17.32)

2. 编制程序

（1）引入线和第一段加工

0 0

*O*点坐标，上平面由*O*点开始

2100 0

切到*O*1点坐标

L

O—*O*1为直线

0 0

*O*点坐标，下平面由*O*点开始

12200 0

切到*O*′1点坐标

L

O—*O*′1为直线

A

第一段结束

（2）第二段加工

2100 0

第二段上平面由*O*1点开始

17150 26070

切到*O*2点坐标

C

*O*1—*O*2为圆弧

32200 0

圆弧圆心坐标

W

圆弧为顺圆弧

12200 0

第二段下平面由*O*′1点开始

22200 17320

切到*O*′2点坐标

L

O′1—*O*′2为直线

A
第二段结束
(3) 第三段加工
17150　26070
第三段上平面由 $O2$ 点开始
47250　26070
切到 $O3$ 点坐标
C
$O2$—$O3$ 为圆弧
32200　0
圆弧圆心坐标
W
圆弧为顺圆弧
22200　17320
第二段下平面由 $O'2$ 点开始
42200　17320
切到 $O'3$ 点坐标
L
$O'2$—$O'3$ 为直线
A
第三段结束
(4) 第四段加工
47250　26070
62300　0
C
32200　0
W
42200　17320
52200　0
L
A
(5) 第五段加工
62300　0
47250　-26070
C
32200　0
W
52200　0
42200　-17320
L
A
(6) 第六段加工
47250　-26070
17150　-26070
C
32200　0
W
42200　-17320
22200　-17320
L
A
(7) 第七段加工
17150　-26070
2100　0
C
32200　0
W
22200　-17320
12200　0
L
A
(8) 引出线
2100　0
第八段上平面由 $O1$ 点开始
0　0
切到 O 点坐标
L
$O1$—O 为直线
12200　0
第八段下平面由 $O'1$ 点开始
0　0
切到 O 点坐标
L
$O'1$—O 为直线
Q
程序结束

课题6 完成锥度与异面类零件的编程与加工

说明：利用所学知识，自行设计一个带锥度零件和一个上下异面的零件，完成零件程序的编制与加工或仿真加工，教师根据学生操作情况，现场巡回指导，并按照表5-2和表5-3要求对学生进行成绩评定。

注意：

1）在设计锥度与异面零件时，零件的最大锥度不能超过机床所能允许加工的最大锥度。

2）在加工前测量机床相关参数并在加工系统中设置。

① 深扬HF系统：需测量上、下导轮的中心距，下导轮与工件下平面（工作台面）距离，导轮半径（有些数据出厂时厂家已设置好，无须改动）。

② CNC2系统：需测量工件高度（即所切工件的实际高度），Z轴高度（即上、下导轮的中心距）；导轮半径，北京迪蒙卡特机床的导轮半径为17 mm（此参数出厂已设置好，无须改动）；下导轮与工件下平面（工作台面）距离（此参数出厂前已设置好，无须改动）。

表5-2 锥度零件编程与加工成绩评定表

5.1 锥度零件编程与（仿真）加工			
自行设计一个带锥度零件，最大锥度小于15°。 用北京迪蒙卡特机床CNC2系统加工锥度零件时，需要测量________、________、________和________等几个参数。 电极丝直径：________ 单边放电间隙：________ 补偿值：________ 切割方向：________ 加工时夹持：________边 工件厚度：________ 工件锥度：________度			
项目成绩		评分教师	

表 5-3 异面零件编程与加工成绩评定表

5.2 异面零件的编程与（仿真）加工			
自行设计一个上下异面的零件，最大锥度不大于 3°。 用深扬机床 HF 系统加工上下异面零件时，需要测量______、______和______等几个参数。 电极丝直径：______ 单边放电间隙：______ 补偿值：______ 切割方向：______ 加工时夹持：______边 工件厚度：______ 工件锥度：______度			
项目成绩		评分教师	

项目小结

通过本项目的学习，应掌握如下知识。

1. HF 系统编制锥度类、异面类零件的编程方法。
2. 北京迪蒙卡特机床 CNC2 仿真系统编制锥度类、异面类零件的编程方法。
3. 锥度类、异面类零件的加工需要测量哪些参数？

思考与练习

按图 5-51 所示圆台零件尺寸，编写零件的深扬系统 G 代码程序和迪蒙卡特机床的加工程序。

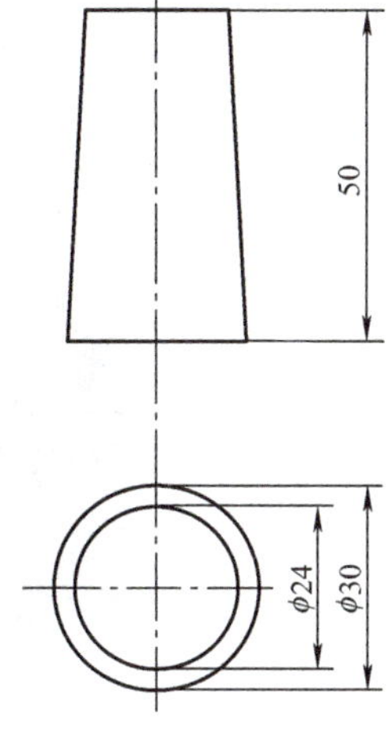

图 5-51 圆台零件

项目 6 拓展知识

课题 1 齿轮的电火花线切割编程与加工

课题内容

完成如图 6-1 所示齿轮的编程与加工，齿轮参数：外齿轮、齿数 $z=17$、模数 $m=2$ mm、压力角 $\alpha=20°$、变位系数 $X=0$、齿顶高系数为 1、齿顶隙系数为 0.25、齿顶圆角半径为 0、齿根圆角半径为 0.75 mm。

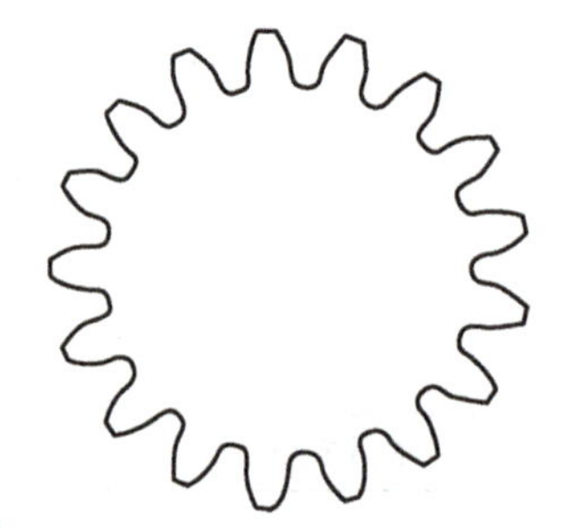

图 6-1 齿轮

6.1.1 工艺分析

齿轮毛坯应六面磨削，无毛刺，事先加工出穿丝孔，并淬火、回火处理。

线切割加工中，齿轮毛坯的厚度是齿轮的齿宽，而齿轮轮齿为渐开线，则应选择电极丝损耗小的电参数，工作液浓度稍低些，工作台进给速度应慢些。

6.1.2 程序编制

1. 用 CAXA 软件绘制齿轮图形

1）进入 CAXA 线切割软件，建立新文件，文件名为“CHILUN”。

2）单击“绘制”菜单，选择“高级曲线”下的“齿轮”选项，系统弹出“渐开线齿轮齿形参数”对话框，在对话框中设置“$z=17$，$m=2$”后单击“下一步”按钮，系统弹出“渐开线齿轮齿形预显”对话框，输入有效齿数“17”，单击“完成”按钮，如图 6-2 所示。

27 齿轮 CAXA 自动编程

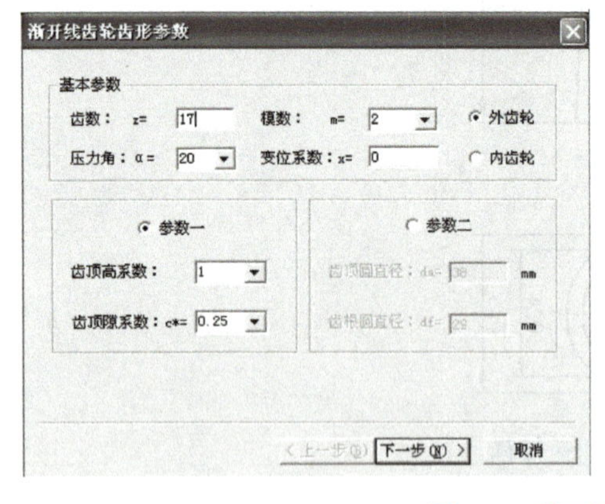

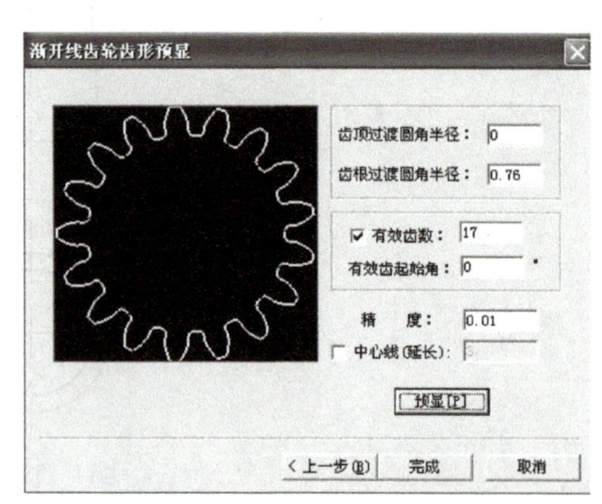

图 6-2 渐开线齿轮图形设置

3）屏幕出现齿轮的齿形，输入定位点（0，0）后，齿轮图形将被定位在屏幕上。

2. 用 CAXA 软件完成轨迹生成和程序生成

1）单击“线切割”菜单，选择“轨迹生成”项，系统弹出“线切割轨迹生成参数表”对话框，按图 6-3 所示填写参数后，单击“确定”按钮。

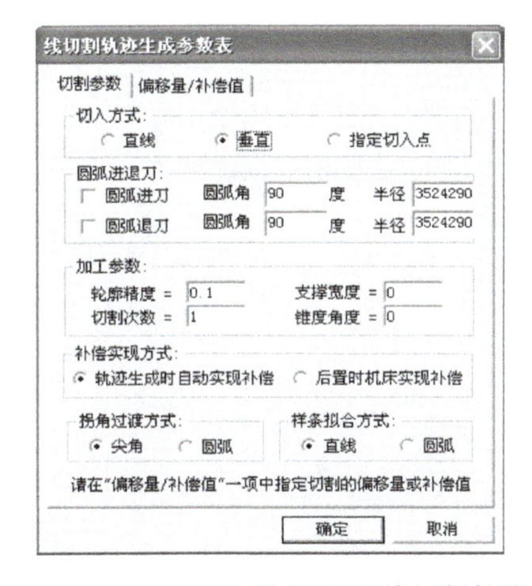

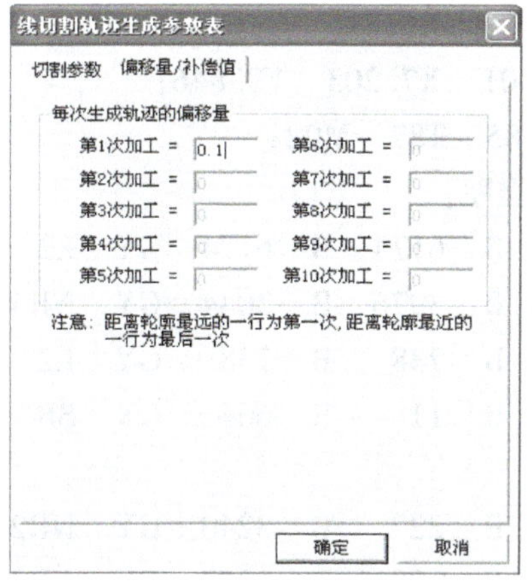

图 6-3 “线切割轨迹生成参数表”对话框

注意：CAXA 线切割 V2 软件可直接按上述步骤操作，CAXA 线切割 XP 版本需要把生成的齿轮图进行“块打散”后才能选择生成轨迹线的齿轮轮廓。

2）系统提示（屏幕左下方）拾取齿轮轮廓方向，在齿轮轮廓上出现两个方向相反的箭头，分别指示的是顺时针切割方向和逆时针切割方向，用鼠标选择其一。

3）系统提示（屏幕左下方）加工侧边或补偿的方向，它们也是两个方向相反的箭头，选择齿轮齿形外侧的方向。

4）系统提示（屏幕左下方）确定穿丝点位置，可在齿轮四周任意位置选择穿丝点，单击即可确定，系统提示退出点位置，按〈Enter〉键确定，即穿丝点与退出点重合，轨迹生成，齿轮轮廓上出现如图 6-4 所示线条（绿色）。

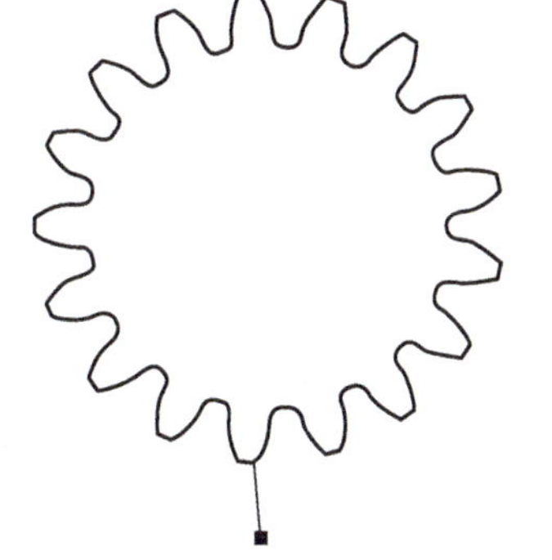

图 6-4 齿轮的轨迹生成与仿真

5）单击“线切割”菜单，选择“轨迹仿真”选项，系统提示拾取轮廓，即可仿真。

6）单击“线切割”菜单，选择“生成 G 代码”选项，系统要求输入 G 代码文件名（CHILUN. ISO），输入后单击“保存”按钮。系统提示拾取轮廓，拾取后齿轮轮廓出现红色线条，右击，系统弹出“记事本”对话框，显示 G 代码文件。

G 代码程序：

```
N10  T84  T86  G90  G92  X7.203  Y9.846;
N12  G01  X6.811  Y16.021;
N14  G03  X8.157  Y19.065  I-4.875  J3.976;
N16  G01  X8.146  Y19.803;
N18  G02  X8.810  Y20.522  I0.710  J0.010;
```

```
N20  G03  X9.612   Y20.596  I-0.941  J14.519;
N22  G02  X10.397  Y20.011  I0.085   J-0.705;
……
N280  G01  X4.650  Y19.390;
N282  G03  X5.414  Y16.150  I6.287  J-0.227;
N284  G03  X6.811  Y16.021  I2.455  J18.891;
N286  G01  X7.203  Y9.846;
N288  T85  T87  M02;
```

3B代码程序：

```
B  392   B  6174   B  6174  GY  L2
B  4875  B  3976   B  3044  GY  NR4
B  11    B  738    B  738   GY  L2
B  710   B  11     B  664   GX  SR3
……
B  6287  B  227    B  3240  GY  NR2
B  2455  B  18891  B  1397  GX  NR3
B  391   B  6174   B  6174  GY  L4
D
```

6.1.3 齿轮的加工要点

1. 齿轮毛坯的装夹与定位

加工齿轮时，为防止齿轮变形，一般在毛坯上打穿丝孔，将打好穿丝孔的工件毛坯装夹到机床的工作台上，并对工件进行校准。

2. 钼丝穿丝与垂直校准

使用钼丝垂直校正器对钼丝进行垂直校准，再将钼丝从齿轮毛坯的穿丝孔穿过，最后安装储丝筒保护罩、上丝架保护罩和工作台保护罩。

3. 齿轮线切割加工

齿轮线切割的加工方法与凸模类零件相同，这里不再介绍。但应注意，CAXA软件生成的3B代码对齐指令格式程序在一般机床上几乎都可以使用，但对于G代码程序，针对不同的机床，其开丝、开水、关丝、关水程序结束等一些指令和程序格式会有一些不同，所以需要参见所用机床的说明书，进行后置处理，才可使用。对于后置处理可参考CAXA-V2相关教程，这里不作介绍。

课题2 文字的线切割编程与加工

课题内容

完成如图6-5所示的“上”字的编程与加工。

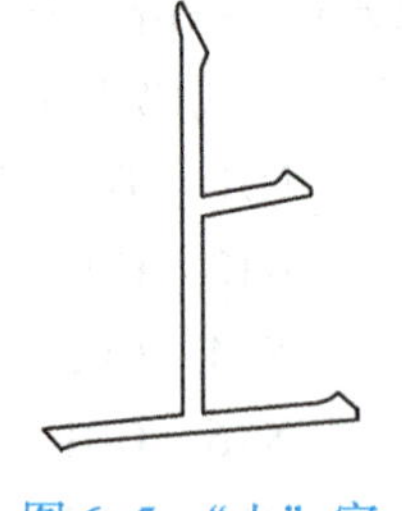

图6-5 “上”字

6.2.1 工艺分析

电火花线切割文字加工是为了制作文字模板。

电火花线切割文字加工常选择薄材，材料厚度为2~3 mm，薄材须平整，无毛刺，事先加工好穿丝孔。切割加工中，选择电极丝损耗小的电参数，工作液浓度应稍大些。

6.2.2 程序编制

1. 使用CAXA软件绘制文字

28 文字CAXA自动编程

1）进入CAXA-V2线切割编程软件，建立新文件，文件名为“WENZI”。

2）单击“绘制”菜单，选择“高级曲线”中的“文字轮廓”选项，输入第一角点（0，0），及另一角点（40，60），系统弹出“文字标注与编辑”对话框，如图6-6所示。

3）在“文字标注与编辑”对话框中输入“上”字。若要对文字大小或字形调整，则可单击对话框中的“设置”按钮，系统弹出“文字标注参数设置”对话框，在此对话框中可以设置文字的大小和字体，如图6-7所示。设置完成后单击“确定”按钮返回“文字标注与编辑”对话框，再次单击“确定”按钮，屏幕上出现“上”字。

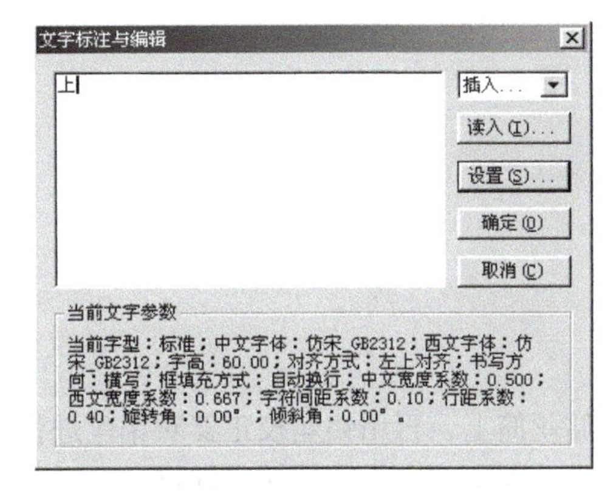

图6-6 文字标注与编辑

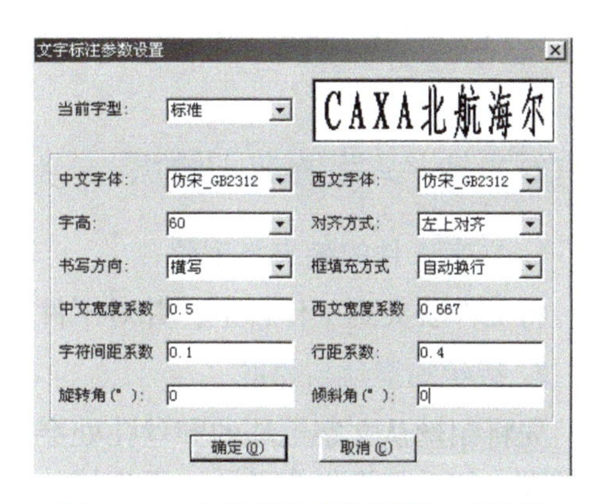

图6-7 “文字标注参数设置”对话框

2. 用CAXA-V2软件完成文字的线切割轨迹生成和程序生成

1）单击“线切割”菜单，选择“轨迹生成”选项，在“线切割轨迹生成参数表”对话框中填写参数要求，再单击“确定”按钮。

2）系统提示要求选择曲线轮廓，单击“上”字曲线轮廓，确定切割加工方向，即顺时针加工或逆时针加工；然后再选择侧边加工方向，即切割“上”字的外轮廓或是内轮廓；最后是确定穿丝点和退出点的位置，从而完成“上”字的轨迹生成。

3）单击“线切割”菜单，选择“轨迹仿真”选项，可观察“上”字的计算机仿真过程，如图6-8所示。

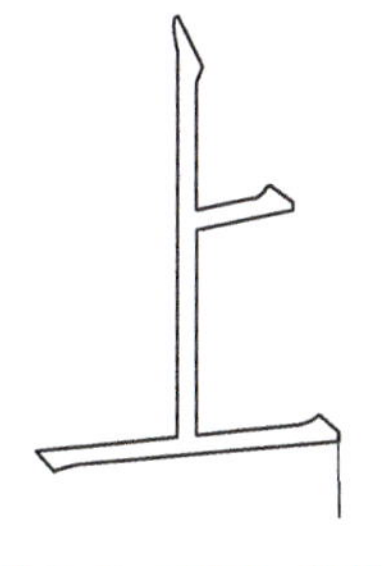

图6-8 “上”字的轨迹生成与仿真

4）单击“线切割”菜单，选择“G代码生成”选项，系统弹出相应对话框，输入文件名为“WENZLISO”后，单击“确定”按钮。

5）拾取“上”字曲线轮廓，在“上”字显示红色时，右击，系统弹出“记事本”对话框，其中显示“上”字的G代码程序。

G代码程序：

```
N10  T84  T86  G90  G92  X67.171  Y-23.172;
N12  G01  X67.158  Y-15.153;
N14  G01  X44.732  Y-17.971;
N16  G01  X44.149  Y-18.088;
……
N84  G01  X67.158  Y-15.153;
N86  G01  X67.171  Y-23.172;
N88  T85  T87  M02;
```

3B代码程序：

```
B  13     B  8019  B  8019   GY  L2
B  22427  B  2818  B  22427  GX  L3
B  582    B  117   B  582    GX  L3
……
B  1803   B  2163  B  2163   GY  L4
B  0      B  1000  B  1000   GY  L4
B  13     B  8019  B  8019   GY  L4
D
```

6.2.3 文字的加工要点

1. 文字工件的装夹与定位

将工件装夹到工作台上，并对工件进行校准。

2. 钼丝的穿丝与校准

先将钼丝从文字毛坯的穿丝孔处穿过，固定在储丝筒上，再用钼丝校正器对钼丝进行垂直校准。如毛坯没打穿丝孔，可直接从毛坯边缘切入，保证文字能完整切出即可。

课题3 矢量图的线切割编程与加工

➢ 课题内容

完成如图6-9所示的鹿的矢量图的编程与加工。

图6-9 鹿的矢量图

6.3.1 工艺分析

位图矢量化是将 Windows 的 BMP 格式文件（或其他图形格式文件）转换成矢量图，这样可提取位图上的数据点，提取图形轮廓线。提取数据点的精度往往影响图形的准确性，可根据实际情况选择。另外，转换的轮廓线可以用尖角拟合或圆弧拟合。

用位图矢量化的方法做线切割加工主要用于美术制品的模板制作或是扫描图形的加工方面。一般工件大多用薄材加工，应选择电极损耗小的电参数，工作液的浓度适当高些，机床走刀速度可快些。

6.3.2 程序编制

1. 矢量图的生成

29 矢量图 CAXA 自动编程

1）进入 CAXA-V2 线切割编程软件，建立新文件，文件名为“SLT”。

2）单击“绘制”菜单，选择“位图矢量化”下的“矢量化”选项，系统弹出“选择图像文件”对话框，选择文件类型为 BMP 文件，单击“确定”按钮后，屏幕上出现图形，如图 6-9 和图 6-10 所示。

2. 矢量图的轨迹生成和程序生成

1）单击“线切割”菜单，选择“轨迹生成”选项，系统弹出“线切割轨迹生成参数表”对话框，填写相关参数后，单击“确定”按钮。系统提示轮廓拾取，用鼠标选取图形轮廓，并选择图形轮廓的切割方向，再选择切割图形是内轮廓还是外轮廓，最后确定穿丝点和退出点的位置。

2）单击“线切割”菜单，选择“轨迹仿真”选项，观察矢量化后的图形计算仿真过程，如图 6-11 所示。

图 6-10 矢量化后的图形

图 6-11 矢量化图形仿真

3）单击“线切割”菜单，选择“G 代码生成”选项，系统弹出相应对话框，输入文件为“SLTISO”。

4）用鼠标拾取曲线轮廓，轮廓将显示红色时，右击，系统弹出“记事本”对话框，记事本中为曲线轮廓的 G 代码程序。

G 代码程序：

N10 T84 T86 G90 G92 X78.711 Y-5.809;

N12 G01 X80.039 Y8.964;

```
N14   G01   X84.950   Y20.750;
N16   G01   X84.950   Y16.986;
……
N152   G01   X77.981   Y7.935;
N154   G01   X80.039   Y8.964;
N156   G01   X78.711   Y-5.809;
N158   T85   T87   M02;
```

3B 代码程序：

```
B  1391  B  15788  B  15788  GY  L1
B  4911  B  11786  B  11786  GY  L1
B  0     B  3764   B  3764   GY  L4
……
B  0     B  17019  B  17019  GY  L4
B  3031  B  5052   B  5052   GY  L4
B  2058  B  1030   B  2058   GX  L1
B  1391  B  15788  B  15788  GY  L3
D
```

项目小结

通过本项目的学习，应掌握如下知识。

1. 齿轮的线切割编程方法与加工要点。
2. 文字的线切割编程与加工要点。
3. 矢量图的线切割编程方法与加工要点。

思考与练习

1. 用 CAXA-V2 线切割软件绘制某个文字，对该文字进行轨迹生成、G 代码和 3B 代码文件生成，然后在电火花线切割机床上进行加工。

2. 用 CAXA-V2 线切割软件对如图 6-12 所示的老虎图进行矢量化，生成加工轨迹和程序，并在电火花线切割机床上进行加工。

图 6-12 老虎图

3. 设计一个模数为 3 mm，齿数为 20 的内齿轮，其他参数采用默认值，用 CAXA-V2 线切割软件生成轨迹、G 代码和 3B 代码，并在线切割机床上进行加工，加工完后填写表 6-1 的报告。

表 6-1 齿轮零件的编程与加工报告表

6. 齿轮零件的编程与（仿真）加工
自行设计齿轮零件，齿轮参数：________齿轮、齿数________、模数________、压力角________、变位系数________、齿顶高系数是________、齿顶隙系数是________、齿顶圆角半径是________、齿根圆角半径是________。 电极丝直径：________ 单边放电间隙：________ 补偿值：________ 切割方向：________ 加工时夹持：________边

项目成绩		评分教师	

模块二　零件的电火花成形加工

项目 7　不通孔的电火花成形加工

> **项目内容**

在本项目中，用电火花成形机床完成如图 7-1 所示零件的不通孔加工，材料为 45 钢。

1. 零件图形

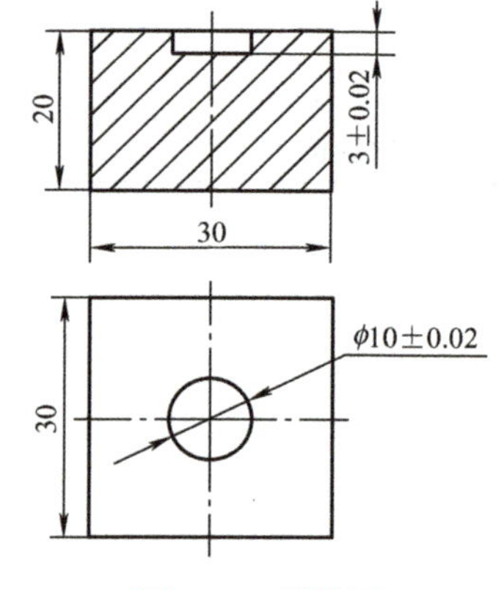

图 7-1　零件图

2. 编程与加工要求

1）根据电极和工件材料，正确选择脉冲电源接线方式。

2）根据零件特点、材质、表面粗糙度要求，正确设置粗加工、精加工脉冲参数。

3）根据零件结构，正确装夹工件、电极并校正定位。

4）操作机床，进行零件加工。

> **知识点**

为了完成上述零件的加工，本项目着重讲述如下课题。

课题 1　电火花成形加工概述

课题 2　电火花成形机床的基本操作

课题 3　不通孔电火花成形加工工艺与机床操作

课题 4　完成不通孔的电火花成形加工

> **学习内容**

课题 1　电火花成形加工概述

7.1.1　电火花成形加工原理

电火花成形加工是通过工件和工具电极相互靠近时极间形成脉冲性火花放电，在电火花通道中产生瞬时高温，使金属局部熔化，甚至气化，从而将金属腐蚀下来，达到按要求改变材料的形状和尺寸的加工工艺。电火花成形机床的加工原理实际就是利用电腐蚀原理进行的仿形加工。

电火花成形加工的示意图如图 7-2 所示。工件放在充满工作液的工作槽中，工作液在泵的作用下循环，工具电极装在主轴端的夹具上。主轴的垂直进给由自动进给调节装置控制，使工具电极和工件之间经常保持一个很小的放电间隙，一般在 0.01～0.2 mm。这样，当工件和工具电极分别与脉冲电源的正负极相接时，每个脉冲电压将在工具电极和工件之间的最小间隙处或绝缘强度最低的工作液处产生火花放电，使两极表面在瞬时高温下都被蚀除掉一小块金属，分别形成一个小坑，被蚀下的金属颗粒掉入工作液中冷却、凝固并被冲走。当每个脉冲结束时，工作液介质恢复绝缘状态。如此循环不止，加工也就连续进行，无数个小坑组成了加工表面，工具电极的形状也就被逐渐复制在工件上。电火花加工过程分为介质击穿、能量转换、蚀除产物的抛出和极间介质消电离 4 个阶段，电火花加工过程详细介绍参见 1.1.2 小节。

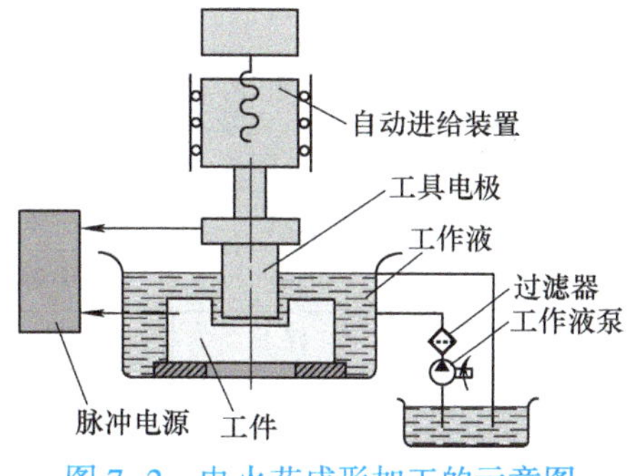

图 7-2　电火花成形加工的示意图

7.1.2　电火花成形加工电参数选择的一般规律

在电火花成形加工中，参数的选择对加工的工艺指标起着重要作用，只有正确的选择电参数才能加工出品质优良的产品。影响电参数选择的因素主要有：电极材料、工件材料、放电面积、表面粗糙度、放电间隙、电极损耗和加工速度等。

电火花成形机床的电参数主要有：脉冲宽度、脉冲间隔和峰值电流。

1. 脉冲宽度的选择

脉冲宽度又称为放电持续时间，当其他参数不变时，增大脉冲宽度，工具电极损耗减小，生产率越高，加工稳定性越好。粗加工时可用较大的脉冲宽度（>100 μs）；精加工时只能用较小的脉冲宽度（<50 μs）。

2. 脉冲间隔的选择

脉冲间隔又称为脉冲放电停歇时间，脉冲间隔对脉冲频率（单位时间内的放电次数）有直接影响。间隔时间过短，放电间隙来不及消电离和恢复绝缘，容易产生电弧放电，烧伤工具和工件；脉冲间隔选得过长，将降低加工效率，减少了覆盖效应，使电极损耗增加。加工面积、加工深度较大时，脉冲间隔也应稍大些。

3. 峰值电流的选择

峰值电流是放电时的能量，脉冲宽度保持不变，增大峰值电流，材料的蚀除速度增大，但要注意，此时放电间隙和表面粗糙度也会增加。

7.1.3　电火花成形加工常用电极材料的种类、极性选择及制造

1. 电火花常用的电极材料

从理论上讲，任何导电材料都可以用做电极。不同材料的电极对于电火花成形加工的速度、加工质量、电极损耗、加工稳定性有着重要影响。因此，在实际加工中，应综合考虑各个方面的因素，选择最合适的材料作为电极。目前常用的电极材料有纯铜（紫铜）、黄铜、石墨、钢、铸铁、银钨合金、铜钨合金等，这些材料的性能见表 7-1。

表7-1 电火花成形加工常用电极材料的性能

电极材料	电加工性能		机加工性能	使用特性说明
	稳定性	电极损耗		
钢	较差	中等	好	在选择电参数时注意加工稳定性
铸铁	一般	中等	好	为加工冷冲模时常用的电极材料
黄铜	好	大	尚好	电极损耗太大
纯铜	好	较大	较差	磨削困难，难以与凸模连接后同时加工
石墨	尚好	小	尚好	机械强度较差，易崩角
铜钨合金	好	小	尚好	价格贵，在深孔、直壁孔、硬质合金模具加工中使用
银钨合金	好	小	尚好	价格贵，一般少用

纯铜电极的特点：易于加工成精密、微细的花纹，采用精密加工时表面粗糙度能达到 $Ra1.25\ \mu m$。放电加工过程中稳定性好，生产率高；精加工时比石墨电极损耗小。缺点是价格较贵，因其韧性大，故机械加工性能较差，磨削加工困难；熔点低（1083℃），不宜承受较大的电流密度，一般不能用超过30 A电流的加工，否则会使电极表面严重受损、龟裂，影响加工效果。纯铜热膨胀系数较大，在加工深窄筋位部分，在较大电流下产生的局部高温很容易使电极发生变形。纯铜电极适宜用作电火花成形加工的精加工电极，主要用于高精度模具的电火花成形加工，如加工中、小型型腔，花纹图案，细微部位等均非常合适。

石墨电极的特点：价格便宜，机械加工性能优良，切削阻力小，无加工毛刺。加工稳定性能较好，生产率高，在长脉冲宽度、大电流加工时电极损耗小。缺点是石墨质地较脆，尖角处易崩裂；精加工电极损耗大，加工表面质量略低于纯铜电极，容易脱落、掉渣、易拉弧。石墨电极特别适用于加工蚀除量较大的型腔，加工大面积时能实现低损耗、高速的粗加工，在大型塑料模具、锻模、压铸模等模具的电火花成形加工中可发挥其独特的加工优势。石墨材料的电极因其重量轻（密度只有铜的1/5），常用于大型电极的制造，热胀系数小，是加工精度要求高的深窄缝条的首选材料。

黄铜电极的特点：最适宜中小规准的加工，制造容易。缺点是电极损耗比一般电极的大，不容易使被加工件一次成形，所以一般只用在简单的模具加工或通孔加工，取断丝锥等。

铸铁电极的特点：来源充足，价格低廉，机械加工性能好，便于采用成形磨削，因此电极的尺寸精度、几何形状精度及表面粗糙度等都容易保证。电极损耗和加工稳定性均较为一般，容易起弧，生产率也不及铜电极，多用于穿孔加工。

钢电极的特点：资源丰富，价格便宜，具有良好的机械加工性能。加工稳定性较差，电极损耗较大，生产率也较低，多用于一般的穿孔加工。

铜钨合金电极的特点：机械加工成形较容易。放电加工过程中稳定性好，电极损耗小，生产率高，特别适用于工具钢、硬质合金等模具加工及特殊导孔、槽的加工，是电加工中比较好的材料，但价格贵。铜钨合金与银钨合金类电极材料在通常加工中很少采用，只有在高精密模具及一些特殊场合的电火花成形加工中才常被采用。

2. 电极材料的极性选择

工具电极极性一般选择原则是：铜电极对钢时，选“+”极性；铜电极对铜时，选“-”极性；铜电极对硬质合金时：选“+”、“-”极性都可以；石墨电极对铜时，选“-”

极性；石墨电极对硬质合金时，选“-”极性；石墨电极对钢时，选“+”极性。

3. 型腔电极的制造

型腔加工用的电极主要根据选用的电极材料、电极与型腔的精度以及电极的数量来选择制造方法。常用的方法如下。

1）切削加工常用的方法有铣、车以及平面、圆柱面磨削。因纯铜质地软，磨床不能加工。

2）数控铣削加工可以完成型面复杂的电极制造，加工精度高。

3）石墨数控机床是加工石墨电极的专用数控铣床，其转速高，加工质量和效率高。

4）电火花线切割可加工形状复杂、精度高的金属电极。

5）对于一些相互间没有严格的位置精度或配合精度要求的外观装饰件、壳体等，均可采用电铸电极制作，其成本低、制作周期短、有利于产品的更新换代。电铸的方法适用于大尺寸电极制造，这种方法制造出的电极放电性能好。

7.1.4 电火花成形加工的特点

1）电火花成形机床可以加工通孔、不通孔、轮廓、曲面等，但采用成形电极需要专门制造，有时候需要制造多个电极，成本较高，加工时间长。型腔或型孔越复杂，电极形状也就越复杂，加工制造也就越困难。

2）一般浸在火花油中进行加工，最小角部半径是有限制的。

3）可连续进行粗、半精和精加工。脉冲参数可以任意调节。加工中不需要更换工具电极，就可以在同一台机床上通过改变电参数（指脉冲宽度、电流、电压）连续进行粗、半精和精加工。精加工的尺寸精度可达0.01 mm，表面粗糙度可达$Ra0.8\ \mu m$，微精加工的尺寸精度可达0.002~0.004 mm，表面粗糙度可达$Ra0.1 \sim 0.05\ \mu m$。

7.1.5 电火花成形加工的应用范围

电火花成形加工可加工任何难加工的金属材料和导电材料，如高硬度、复杂形状的表面、薄壁、弹性、低刚度、微细孔、异型孔等特殊要求的零件（图7-3）。它主要用于加工模具、高硬度材料和清除铣床无法加工的内角、窄槽等。

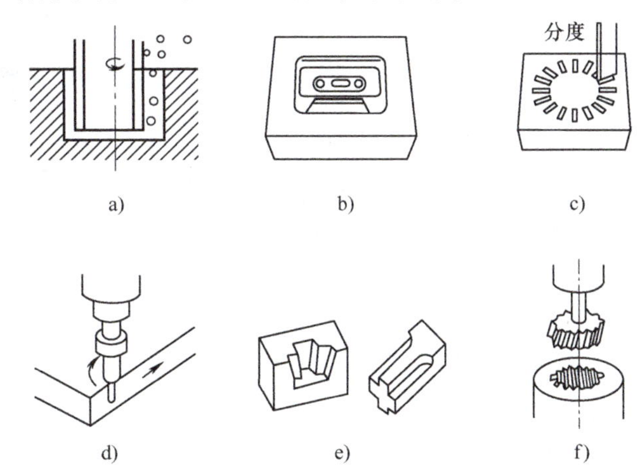

图7-3 电火花成形加工的适用范围

a）摇动加工 b）多电极组合加工 c）分度 d）修行加工（修整电极）
e）锥度加工（可用直电极） f）*C*轴加工（可转动，螺纹加工）

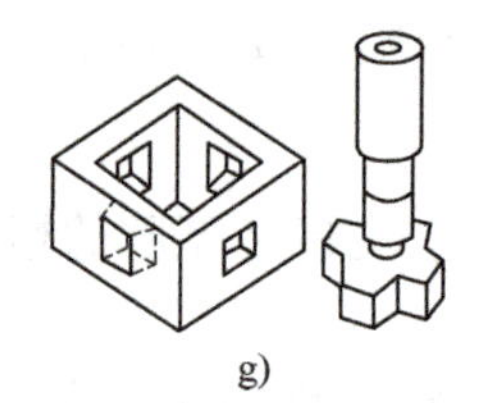

g)

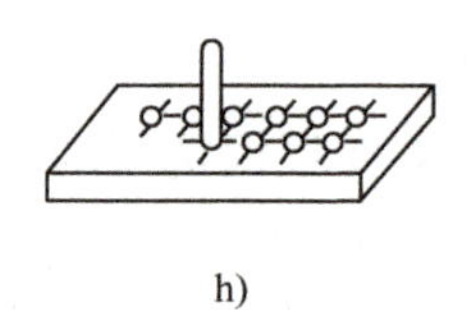

h)

图 7-3 电火花成形加工的适用范围（续）
g）横向加工 h）NC定位加工

7.1.6 电火花成形机床的分类

电火花成形机床按不同的定义，其分类方法也不同。

（1）按控制方式 分为普通数显电火花成形机床、单轴数控电火花成形机床（ZNC火花机）、多轴数控电火花成形机床（CNC火花机）。

（2）按机床结构 分为固定立柱式电火花成形机床、滑枕式电火花成形机床、龙门式电火花成形机床、双头电火花成形机床（图7-4）。

图 7-4 双头电火花成形机床

（3）按电极交换装置 分为普通电火花成形机床和电火花加工中心。

（4）按应用范围 分为通用机床、专用机床和镜面火花机。

无论采用哪种结构形式的电火花成形机床，其主要功能都是满足电火花成形加工的工艺要求，伺服加工轴运动并保证电火花放电所需的最佳间隙要求，同时按预定的轨迹移动，以完成工件加工。

7.1.7 电火花成形机床的结构

固定单立柱式电火花成形机床如图7-5所示，其主要由机床主机、脉冲电源、数控系统、工作液循环过滤系统等部分组成。

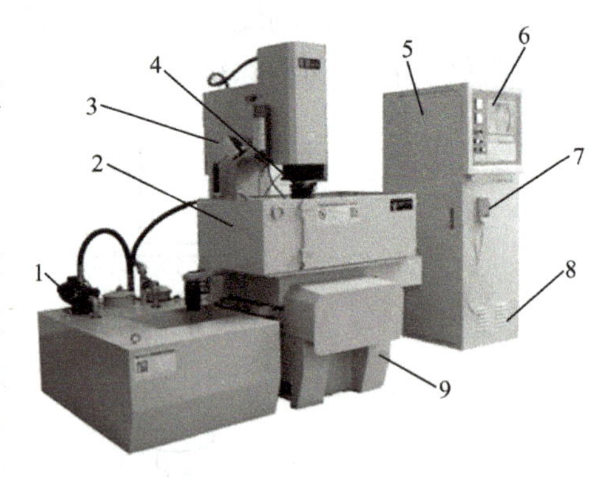

图 7-5 固定单立柱式电火花成形机床
1—工作液循环过滤系统 2—工作台及工作液箱 3—立柱 4—主轴头 5—数控系统 6—操作面板 7—手动盒 8—脉冲电源 9—床身

1. 机床主机

机床主机用于支承、固定工具电极及工件，实现电极在加工过程中稳定的伺服进给运动。机床主机一般由床身、立柱、主轴头、工作台及工作液箱、工作液循环过滤系统、附件等组成。附件主要包括夹持工件和电极的夹具、冲油附件，固定和调整相对位置的机械装置，如电极夹头、平动头、磁力吸盘、平口虎钳等组成。

（1）床身和立柱 床身和立柱是一个基础结构，由它们确保电极与工作台、工件之间的相互位置。它们精度的高低对加工有直接影响。如果床身和立柱的精度不高，则加工精度也难以保证。因此，不但床身和立柱的结构应该合理，有较高的刚度，能承受主轴负重和运动部件突然加速运动的惯性力，还应能减少温度变化引起的变形。经过时效处理消除内应力，使其日久不会变形。

（2）工作台及油箱　工作台主要用来支承和装夹工件，在实际加工中，通过 X、Y 向手轮带动丝杠旋转来移动工作台，达到电极与被加工工件间所要求的相对位置。全数控型电火花机床的工作台两侧面不再安装手轮，可通过手控盒来移动工作台。工作台上装有工作液箱，用以容纳工作液，使电极和被加工工件浸泡在工作液里，起到冷却、排屑作用。为了装夹工件方便，工作液箱侧边设计为打开式，如图 7-6 所示。

（3）主轴头　主轴头是电火花穿孔成形加工机床的一个关键部件。它的结构由伺服进给机构、导向和防扭机构、辅助机构 3 部分组成，它控制电极在 Z 方向的移动距离以及工具电极和工件与工具电极之间的放电间隙。购买机床时主轴头上都安装有可调式电极夹头，其结构如图 7-7 所示。

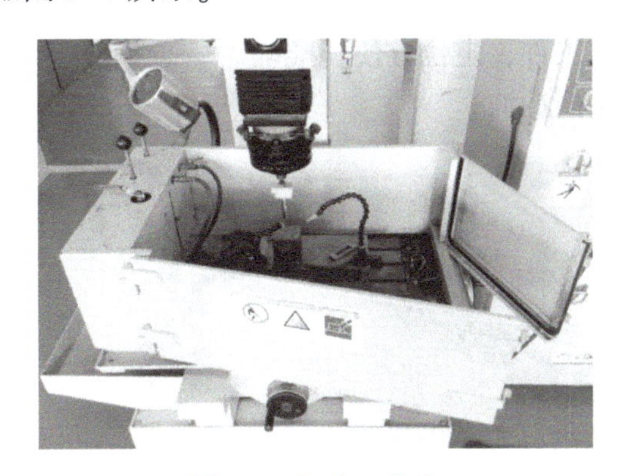

图 7-6　机床工作台

图 7-7　可调式电极夹头

2. 脉冲电源

脉冲电源的作用是将工频交流电转变成一定频率的定向脉冲电流，提供电火花成形加工所需的能量来蚀除金属，其参数主要有：峰值电流、脉冲宽度、脉冲间隔等。它的性能直接影响电火花成形加工的速度、表面粗糙度、电极损耗、加工精度等工艺指标。脉冲电源与数控系统安装在机床的控制柜内。

3. 数控系统

数控系统也称为控制器，其主要作用是通过改变、调节主轴头（电极）进给速度，使进给速度接近或等于蚀除速度，以维持一定的“平均”放电间隙，保证电火花成形加工正常而稳定进行，以获得较好的加工效果。

常用数控系统有单轴数控系统和多轴数控系统。电火花成形机床如果具有 X、Y、Z 等多轴数控系统，那么工具电极和工件之间相对的运动就多种多样，既可以满足各种模具加工的要求，而且还可以用国际上通用的 ISO 代码进行编程、程序控制、数控摇动加工等。

4. 工作液循环过滤系统

工作液在电火花成形加工中的作用是形成电火花击穿放电通道，并在放电结束后迅速恢复间隙的绝缘状态；对放电通道起压缩作用，使放电能力集中；在强迫流动过程中，将电蚀产物从放电间隙中带出来，并对电极和工件表面起冷却作用。

工作液循环过滤系统如图 7-8 所示，主要由储油箱、过滤器、液压泵、工作液分配器、阀门、油压表等组成，它的作用是强迫一定压力的工作液流经放电间隙，将电蚀产物排出，并且对使用过的工作液进行过滤净化。

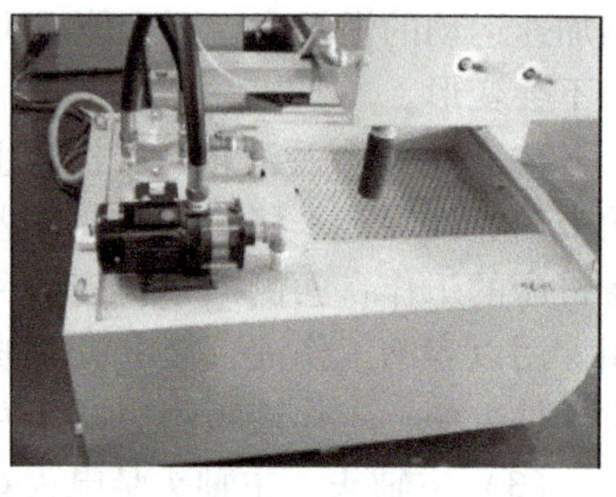

图 7-8 工作液循环过滤系统

5. 机床附件

购买电火花成形机床时机床附件较多，加工时可根据需要选择机床附件，其附件主要有：磁力吸盘、精密平口虎钳、移动式冲油座、平动头、电极夹头等，如图 7-9 所示。

（1）磁力吸盘 由于电火花成形加工的宏观作用力不大，可用磁力吸盘直接固定工件或形状各异的模具进行加工，这种装夹方法简单实用，吸着力强，便于校正。

（2）精密平口虎钳 批量加工时用于装夹工件，定位方便、准确。

（3）移动式冲油座 它用于加工时向放电面冲油。

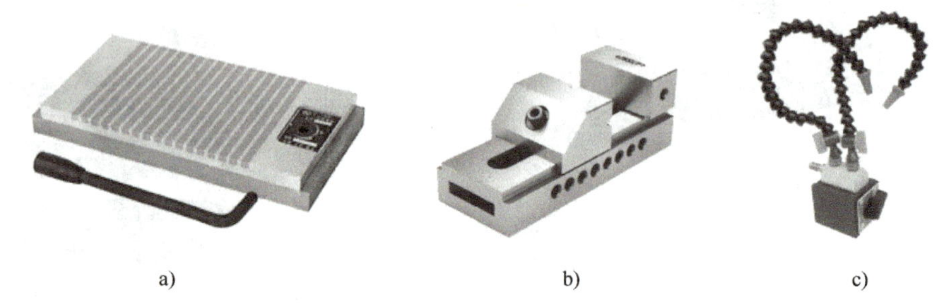

a) b) c)

图 7-9 机床附件

a）磁力吸盘 b）精密平口虎钳 c）移动式冲油座

（4）平动头 电火花成形加工时，粗加工的火花间隙比半精加工的要大，而半精加工的火花间隙又要比精加工的要大些。当用一个电极进行粗加工时，先将工件的大部分余量蚀除掉，其底面和侧壁四周的表面质量很差。为了将其修光，就得转换规准逐挡进行修整。由于后挡规准的放电间隙比前挡小，对工件底面可通过主轴进给进行修光，而四周侧壁则无法修光。平动头就是为解决修光侧壁和提高其尺寸精度而设计的，平动头有机械式和数控式两种，如图 7-10 所示，平动头上都安装有可调式电极夹头。

a) b)

图 7-10 平动头

a）机械式平动头 b）数控式平动头

平动头的动作原理是：利用偏心机构将伺服电动机的旋转运动通过平动轨迹保持机构，转化成电极上每一个质点都能围绕其原始位置在水平面内做平面小圆周运动。许多小圆的外包络线就形成加工表面，其中每个质点运动轨迹的半径就称为平动量，如图7-11所示。其运动半径（平动量Δ）通过调节，可由零逐步扩大，以补偿粗、半精、精加工的火花放电间隙δ之差，从而达到修光型腔的目的。

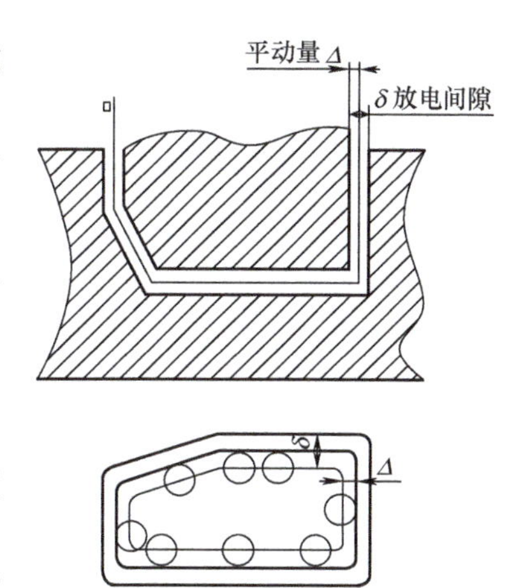

图7-11　平动加工时电极的运动轨迹

与一般电火花成形加工工艺相比较，采用平动头电火花成形加工具有如下特点。

1）可以通过改变轨迹半径来调整电极的作用尺寸，因此尺寸加工不再受放电间隙的限制。

2）机械式平动头能够补偿加工中电极的损耗，可使用单个电极完成粗加工到精加工转换的过程。

3）在加工过程中，工具电极的轴线与工件的轴线相偏移，除了电极处于放电区域的部分外，工具电极与工件间隙都大于放电间隙，实际上减小了同时放电的面积。这有利于电蚀产物的排除，提高加工稳定性。

4）机械式平动头对工件表面质量有明显效果，特别是工件型腔的侧边尤为明显。

5）由于有平动轨迹半径的存在，所以它无法加工有清角的型腔。只有采用数控式平动头，或数控工作台两轴或三轴联动进行摇动加工，才能加工出清棱、清角的型孔和型腔。

6）数控式平动头能够做多种循迹及侧向加工，包含圆形循迹、矩形循迹、正方形侧向、圆周任意角度等分连续、任意角度对称、任意角度侧向。极大地提升了单轴（*Z*轴）数字控制电火花（简称ZNC电火花）的作用。

7）机械式平动头可对螺纹孔放电加工。

课题2　电火花成形机床的基本操作

7.2.1　现场了解电火花成形机床的结构

本文以苏州ZNC-60B型电火花成形机床为例介绍机床的基本操作。机床外形如图7-12所示，该机床主要由机床主机、脉冲电源、机床数控系统、工作液循环过滤系统等部分组成。机床采用ZNC单轴控制系统，只能驱动*Z*轴的上下移动，*X*、*Y*、*Z*三轴采用高精度电子光栅尺显示坐标，确保精度准确。

1. ZNC-60B型电火花成形机床的主要技术规格

ZNC-60B型电火花成形机床的主要技术规格见表7-2。

表7-2　ZNC-60B型电火花成形机床的主要技术规格

工作台面尺寸（长×宽）	600 mm×350 mm
工作台行程（*X*、*Y*、*Z*）	350 mm×250 mm×200 mm
工作油槽尺寸（长×宽×高）	920 mm×570 mm×340 mm
最大电极重量	50 kg
最大工件重量	500 kg
主机重量	1100 kg

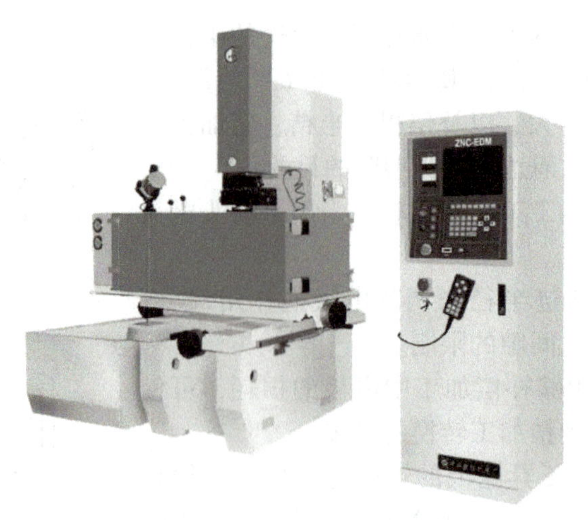

图 7-12 ZNC-60B 型电火花成形机床

2. 主轴箱立柱

(1) 电动机驱动伺服系统 主轴导轨采用直线滚动导轨，运动采用直流伺服电动机驱动一对同步齿轮，通过丝杠副传动来实现。主轴头面板下面安置一个指示表，用于显示加工状态是否正常。

(2) 主轴箱二次行程 主轴箱装在滑块上，滑块移动由交流电动机驱动，经过一对链轮副及丝杠副来实现。主轴箱体通过滑动导轨上下移动，上下移动距离由刻度标尺表示，滑块左右压板装有锁紧装置，可锁紧滑板，如图 7-13 所示。

3. 工作台拖板

纵横向移动导轨采用 V 形、平形滑动导轨，导轨表面采用贴塑材料，贴塑导轨具有耐磨损和摩擦因数小等优点。拖板移动采用滚珠丝杠副传动，移动工作台定位后，采用手轮上锁紧螺钉锁紧，并将插销拔出，防止在操作过程中误碰到手轮，造成工作台位移。拖板手柄如图 7-14 所示。

4. 手扳液压泵

液压泵用于机床传动部件的润滑，如图 7-15 所示，润滑时通过拉动液压泵把手，润滑油通过铜管加注到机床导轨、丝杠等转动摩擦部位，一般每班加注 2~3 次。

图 7-13 主轴滑块

图 7-14 拖板手柄

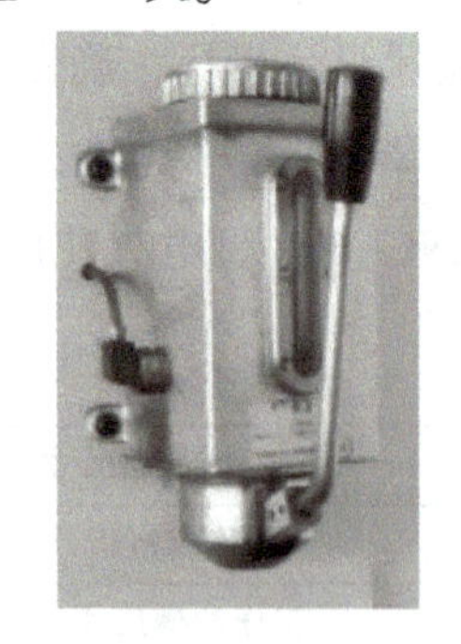

图 7-15 手扳液压泵

5. 工作液循环过滤系统

工作液循环过滤系统主要由工作台油箱和过滤油箱组成，用于液面高度，冲、抽油调节。

（1）工作台油箱　该机床工作台油箱采用钢板焊接结构，如图 7-16 所示，箱体正面及右侧面门可以打开，采用耐油橡胶密封，在箱体内左侧装有液位调节机构。

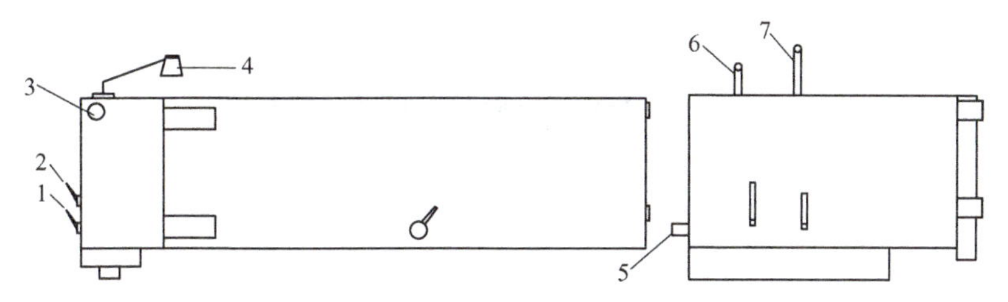

图 7-16　工作台油箱

1—控制阀　2—吸油阀　3—压力表　4—工作灯

5—进油管　6—排油拉杆　7—油位拉杆

1）控制阀：控制进油大小。

2）吸油阀：控制吸油吸力大小。

3）压力表：显示喷油管处的压力，一般低损耗加工时为 0.2～0.5 kg/cm^2，不浸油加工时，加工油管处的压力要求>0.5 kg/cm^2，以避免着火。粗、半精加工时，喷油压力高，电极损耗大，精加工时则不影响。

4）工作灯：操作时照明用。

5）进油管：油回流到油箱。

6）排油拉杆：提起后转 90°，可放油。

7）油位拉杆：通过拉杆高低可控制油位的高低。

（2）过滤油箱　过滤油箱也称为储油箱，工作液一般为电火花成形机床专用火花油，油路中采用纸质过滤器过滤，由两个过滤器串联使用，以满足过滤要求。纸质过滤纸芯根据加工时间，定期更换。工作液泵为单级离心泵，具有流量大等优点。

6. 防火安全装置

由于电火花成形加工机床使用可燃性工作液，因此工作时会有火灾危险。为防止火灾，电火花成形机床配置了自动灭火装置以确保安全。其装置由感温探测器（图 7-17）、控制电路和灭火器（图 7-18）组成。当出现火灾时，可立刻切断电源开关（如图 7-19 所示按下“分”开关），喷出灭火剂，同时进行声讯报警。在加工时使感温探测器对准电极位置，使机床自动停机处于触发状态，温度感应灭火器倒装在机床主轴侧面，喷口朝向加工放点处。

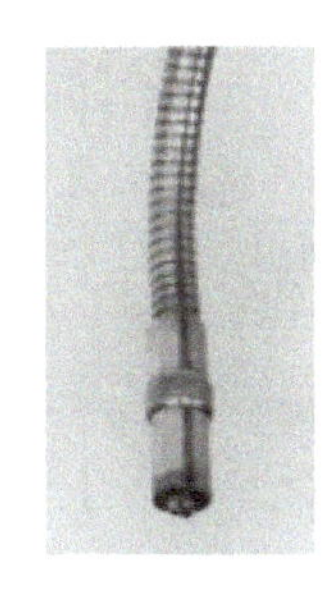

图 7-17　感温探测器

图 7-18　温度感应灭火器

图 7-19　机床总电源开关

7.2.2 现场了解电火花成形机床的控制面板

电火花成形机床控制面板如图7-20所示，主要有放电电压、电流指示表，急停开关、ZNC键盘、显示器、蜂鸣器等。

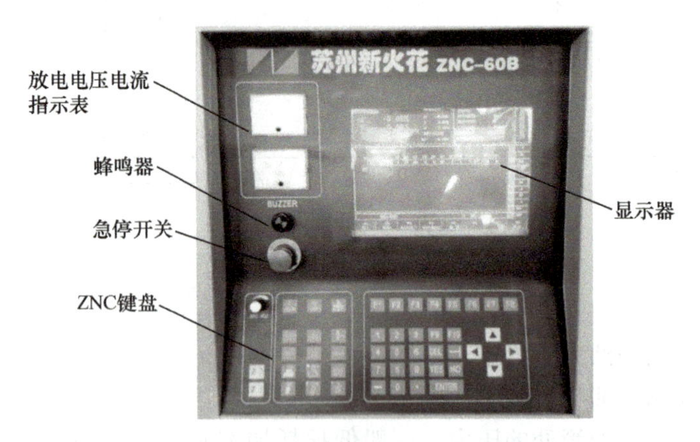

图7-20 电火花成形机床控制面板

1. ZNC键盘（图7-21）

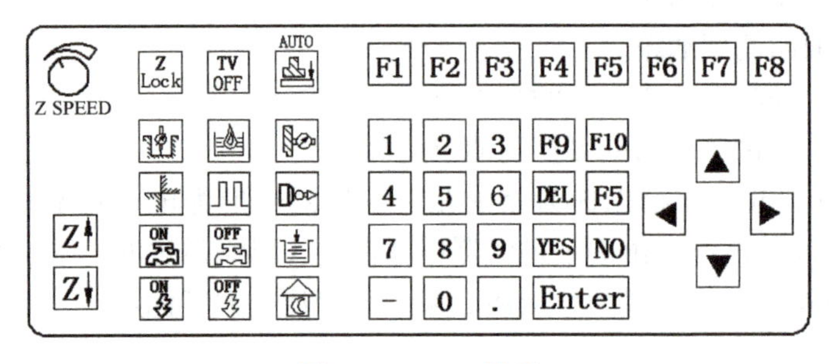

图7-21 ZNC键盘

“F1～F8”：ZNC系统功能选择按键；

“F9”：放电计时归零；

“F10”：放电参数自动匹配；

“0～9”、“.”、“-”：数字、符号按键；

“光标方向按键”：移动光标所处位置。

2. 机床手控盒

机床手控盒如图7-22所示，其按键与键盘按键一致，功能如下。

“Z-、Z+”：机床主轴上下移动按键，可通过旋钮“Z SPEED”调节移动速度。

“校正电极”：在校正电极时需要打开，否则Z轴不能移动，并发出报警声。

“AUTO”：Z轴自动对刀按键。利用接触感知原理进行Z

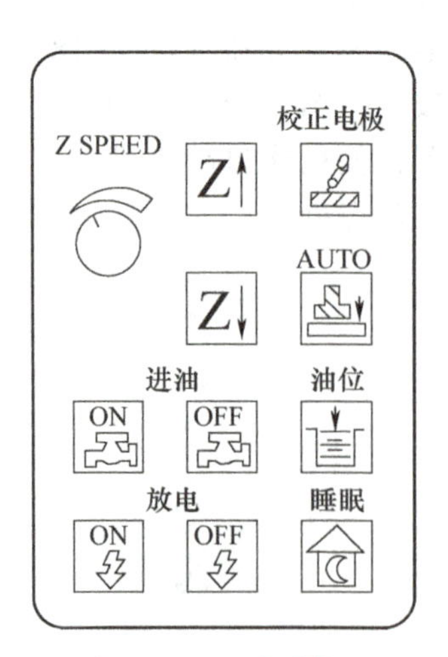

图7-22 机床手控盒

轴对刀，按下此按键机床 *Z* 轴会自动下降，直至电极接触工件上表面后停止不动，并发出提示声。

“进油”：加工时工作液体的开关。

“放电”：脉冲电源的开关。

“油位”：当工作液低于预设值的高度时，机床停止加工，防止因火花暴露在空气中引起火灾。喷油加工时需关闭“油位”按键。

“睡眠”：开启该按键加工时，当程序执行完机床会自动关机。

7.2.3　系统介绍

按机床控制柜左侧电源开关“合”开关开机。起动机床后，机床控制系统界面如图 7-23 所示，该系统分以下 8 个窗口。

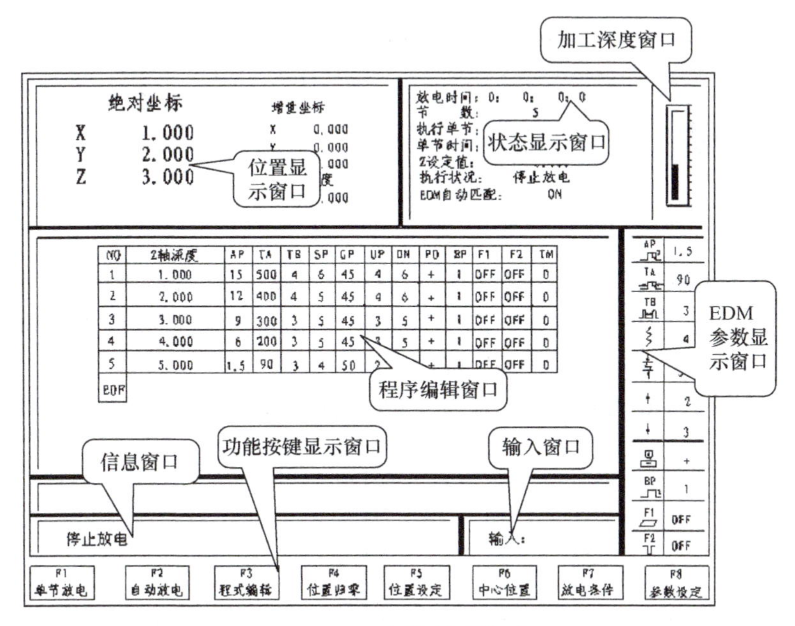

图 7-23　机床控制系统界面

1）位置显示窗口：显示各轴位置，包含绝对坐标及增量坐标 *X*、*Y*、*Z* 三轴。

2）状态显示窗口：显示执行状态，包含计时器、总节数、执行单节及 *Z* 轴数值。

3）程序编辑窗口：程序编辑操作（自动加工专用）。

4）信息窗口：显示加工状态及信息。

5）功能按键显示窗口：“F1～F8”操作按键。

6）输入窗口：显示输入值。

7）电火花加工（简称 EDM）参数显示窗口：EDM 参数操作更改。

8）加工深度窗口：以图示显示加工深度。

7.2.4　程序编辑

在电火花成形机床执行程序前，操作者需要预先设定放电程序，操作者可按下“F3 程序编辑”按键，进入程序编辑窗口，如图 7-24 所示。

1）按“F1插入”按键插入所需单节程序，此时系统会将光标所在单节复制到下一单节，按“F2删除”按键删除单节程序。

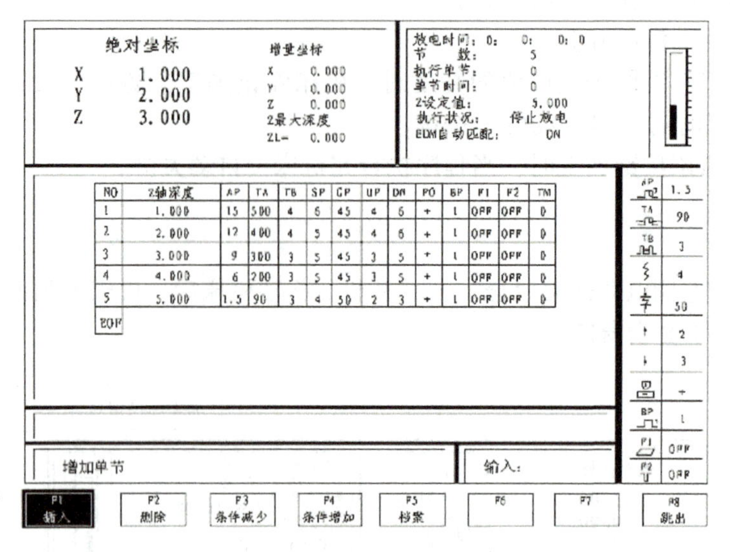

图7-24　程序编辑窗口

2）用光标选择要修改的参数，*Z*轴深度直接输入数字后，按“Enter”键。

3）其他参数需要修改时，用光标选择后，按“F3条件减少”或“F4条件增加”按键进行设定，编辑完成后，按“F8跳出”按键。

4）若要保存当前所编辑的程序，可按“F5档案”按键，系统界面如图7-25所示。

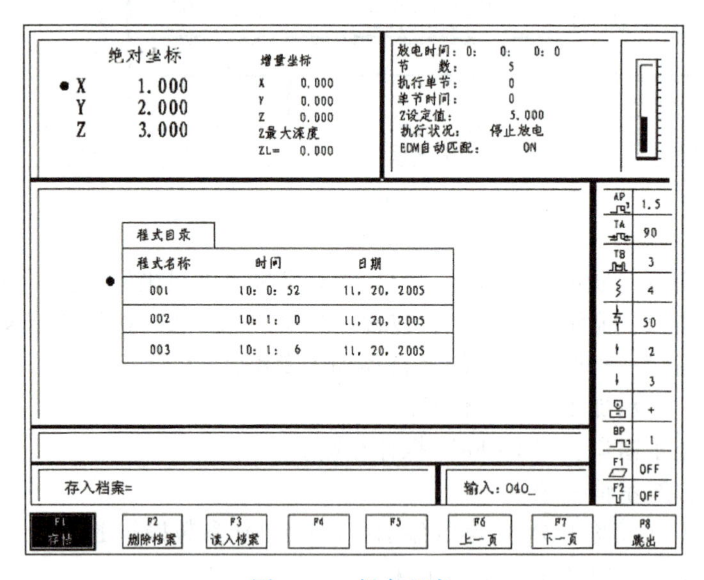

图7-25　保存程序

各功能按键如下：

1）“F1存档”，存入档案，输入档案名称（用阿拉伯数字），再按“Enter”按键即可。

2）“F2 删除档案”，将光标移动到要删除的档案，再按“YES”按键可把档案清除。

3）“F3 读入档案”，将光标移至想要读入档案的名称上，按“F3 读入档案”按键，显示“读入 OK”时再按“F8 跳出”按键。

7.2.5　放电条件说明

EDM 放电程序参数见表 7-3。

表 7-3　EDM 放电程序参数

NO	*Z* 轴深度	AP	TA	TB	SP	GP	UP	DN	PO	BP	F1	F2	TM
1	1.000	15	500	4	6	45	4	6	+	1	OFF	OFF	0

1. 高压电流（BP 高压放电短路电流）

高压电流的主要作用是形成先导击穿，有利于加工稳定性和提高加工效率。一般加工时高压电流选为 0~2 档，在加工大面积或深孔时可适当加大高压电流，以利于加工稳定和提高加工效率。当高压电流加大时，电极损耗会稍微增加。260 V 高压放电短路电流参数如图 7-26 所示。

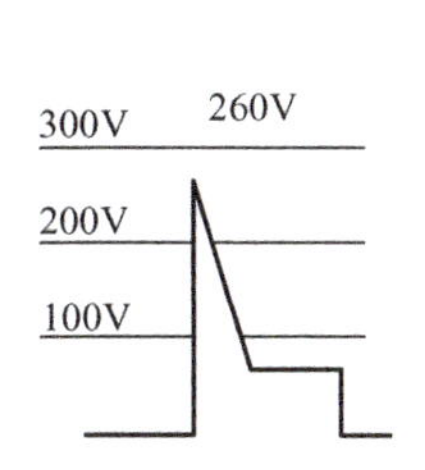

高压放电短路电流档位	短路电流/A
0	0
1	0.2
2	0.6
3	1.5
4	2.9
5	4.3

图 7-26　高压电流示意图

2. 低压电流（AP）

在脉冲宽度和脉冲间隔一定时，低压电流增大，加工速度提高，电极损耗增大。低压电流的选择应根据电极放电面积而确定，一般选择是电极加工表面每平方厘米面积的电流不超过 6A。若 AP 电流密度过大，加工速度会提高，但会增加电极损耗，容易产生电弧烧伤。其参数如图 7-27 所示，加工时参数可参考表 7-4 进行设定。

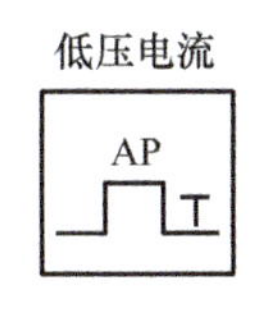

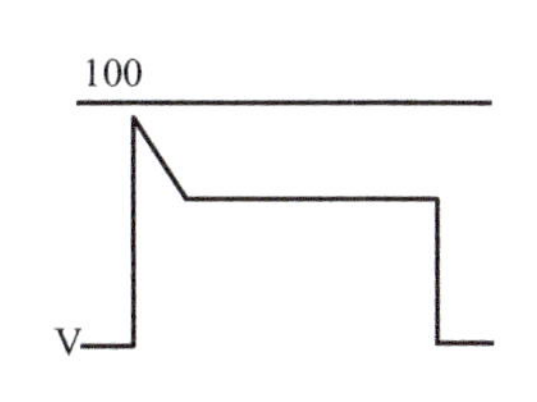

设定范围

档位	电流	档位	电流
0	0A	12	12A
1.5	1.5A	15	15A
3	3A	21	21A
4.5	4.5A	30	30A
6	6A	45	45A
9	9A	60	60A

图 7-27　低压电流示意图

表 7-4 正面放电面积与电流使用参考值

正面放电面积/mm^2	电流参考值/A			
	电极		电极	
	铜+	铜钨+	石墨+	石墨-
0~10	3~6		3~6	
10~25	6~12		6~12	
25~100	12~21		12~21	
100~400	12~45		21~45	
400~1600	21~60		45~60	
1600~6400	21~60		60~120	
6400 以上	21~60		120 以上	

1）设定值大，加工电流大，火花较大，速度较快，表面粗糙，间隙较大。

2）设定值小，加工电流小，火花较小，速度较慢，表面光洁，间隙较小。

3）加工电流设定须与脉冲宽度、脉冲间隔配合，方能达到最佳的放电效果。

3. 放电时间（TA 脉冲宽度）

放电时间的设定范围为 2~1200 μs，参数如图 7-28 所示。

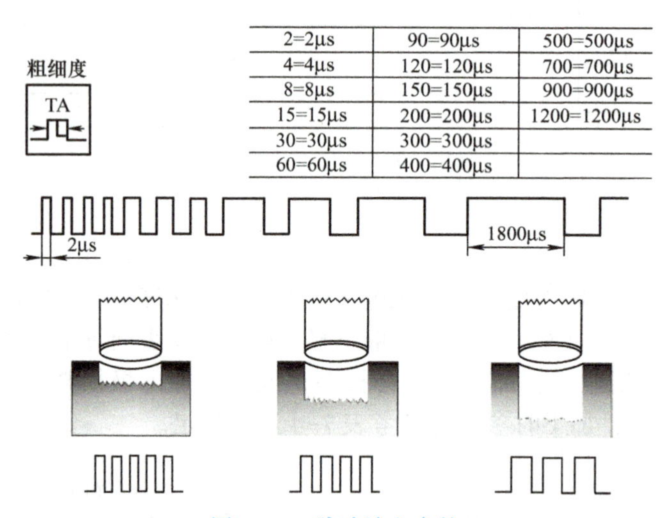

图 7-28 脉冲放电参数

一般来说，在峰值电流一定的条件下，脉冲宽度越大，表面质量越差，但电极损耗越小，所以一般粗加工时选择 150~700 μs；精加工时逐渐减小。

放电时间与电流配合决定工件表面质量，放电时间取最小 2 μs 时，表面粗糙度可达 *Ra*6~9 μm，放电时间取最大 1200 μs 时，表面粗糙度可达 *Ra*90~120 μm。

放电时间约 90 μs 以上时，才能配合无消耗加工，放电时间和电流值成正比，若放电时间短、电流大，则消耗增多。

不同金属材质对放电时间的需要也不同，选取时必须参考机床说明资料。

以相同加工电流加工时，设定值大，表面粗糙，间隙大，电极消耗小；反之，设定值小，表面光洁，间隙小，电极消耗大。

4. 休止时间（TB 脉冲间隔）

休止时间为放电产生离子化后，放电通道恢复绝缘状态的过程，其参数如图 7-29 所示。

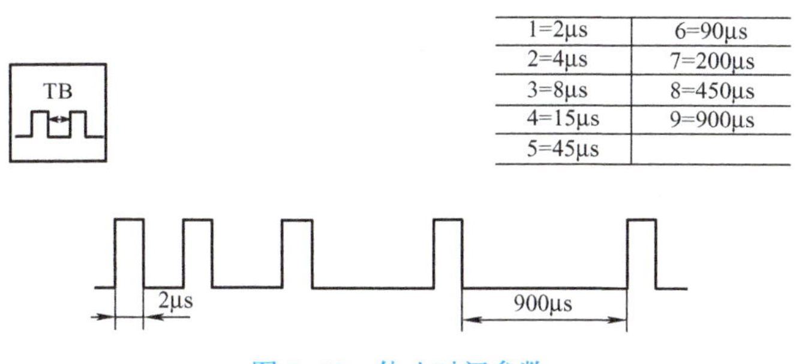

1=2μs	6=90μs
2=4μs	7=200μs
3=8μs	8=450μs
4=15μs	9=900μs
5=45μs	

图 7-29　休止时间参数

一般放电平稳时休止时间短，效率较高。脉冲间隔较小时电极覆盖效应增大，但容易造成排屑不良，易积碳。必须考虑设定电极脉动（UP、DN）及理想的喷流位置。

一般根据 AP（低压电流）来调整，AP 大，TB 则小；AP 小，则 TB 大。当放电不稳定时，增大 TB 来逐渐调整到正常。TB 同样对电极损耗有一定影响。电极放电面积小，TB 应大；放电面积大，可将 TB 减小。

以相同加工电流加工时，TB 设定值小，效率高，速度快，覆盖效应增大，排渣不易，容易产生积碳；反之设定值大，效率低，速度慢，易排渣。

一般情况下脉冲间隙由 EDM 自动匹配而定，若发现积碳最重则可将自动匹配后的脉冲间隙再加大一档。例如自动匹配后的脉冲间隙为 3 档，则可改为 4 档，手动设定时一般为 3~7 档。

5. 机头上升（UP）、下降（DN）时间

机头上升、下降时间一般由 EDM 自动匹配。在积碳严重时，可以通过减少下降时间或加大上升时间来解决。设定范围为 0~15 档，设定“0”档时为不跳跃。UP 设定值小，上升排渣距离小，加工不浪费时间；反之 UP 设定值大，上升排渣距离大，加工费时较长。DN 设定值小，加工时间少，易排渣；反之 DN 设定值大，加工时间长，不易排渣。加工较深孔或型腔时，切屑排除不易，打开此伺服脉动装置，帮助排除切屑，提高加工效率，一般精加工时，每分钟动作较多，半精加工时，每分钟动作较少。主轴头伺服机构在退刀时自动关闭电源，避免二次放电现象产生。

6. 伺服敏感度调节（SP）

其参数有 1~9 档，调节时必须与放电时间配合，用于调节加工稳定性，加工稳定性根据电压表确定，以目视电压表稳定为良好。设定值大，加工速度快。设定值小，加工速度慢，用于精加工或小电极加工。

7. 放电正面间隙电压调整（GP）

放电正面间隙电压调整示意图如图 7-30 所示。加工间隙电压设定范围为 30~120 V。加

工时根据加工条件做适当调整。设定值小，放电间隙电压低，效率较高，速度较快，排渣不易；反之设定值大，放电间隙电压高，效率较低，速度慢，易排渣。半精加工适合电压为45~50 V（以当时加工时电压表为准）；精加工适合电压为60 V以上（以当时加工时电压表为准）。

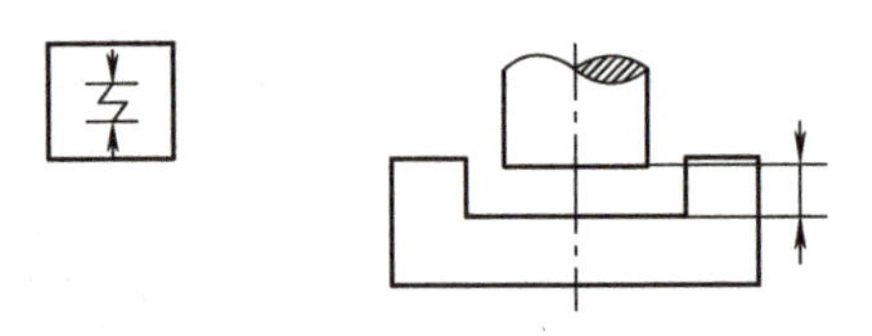

图7-30 放电正面间隙电压调整示意图

8. 极性选择（PO）

采用负极性接法时选择“-”，正极性接法时选择“+”。

9. 大面积放电加工（F1）

用OFF/ON控制，放电面积大时打开ON。

10. 深孔加工（F2）

用OFF/ON控制，进行较深孔加工时打开ON。

11. 时间设定（TM）

自动放电加工时，一般设置TM=0，如果设定了加工时间，且加工深度先达到设定值时，则机床自动执行下一节程序。如果是加工时间先达到设定值，则不管加工深度是否到达，机床将执行下一节程序。

电火花成形机床的放电参数具体可参考苏州电火花成形机床的说明书。

课题3 不通孔电火花成形加工工艺与机床操作

7.3.1 电极的结构

图7-31所示为项目加工中所使用的电极结构。电极的结构主要分为两部分，直径12 mm的圆柱为装夹、校正的基面部分，直径9.96 mm的圆柱为成形部分，该电极直接采用直径为14 mm的纯铜棒在车床上一次装夹加工而成。

7.3.2 电极的装夹与校正

1. 电极的装夹

电极装夹与校正的目的是使电极正确、牢固地装夹在机床主轴的电极夹具上，使电极轴线和机床主轴轴线一致，保证电极与工件表面的垂直和相对位置。

圆柱形电极在安装时，直径10~30 mm的电极可直接安装在如图7-32所示可调式电极夹头下的V形基准座上。直径较大的圆柱形电极，可选用标准套筒夹具装夹，如图7-33所示。直径<10 mm的电极，可选用钻夹头装夹，如图7-34所示。

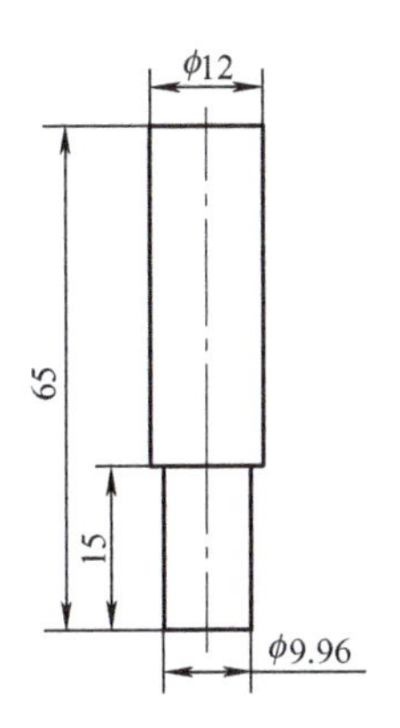

图 7-31　电极结构

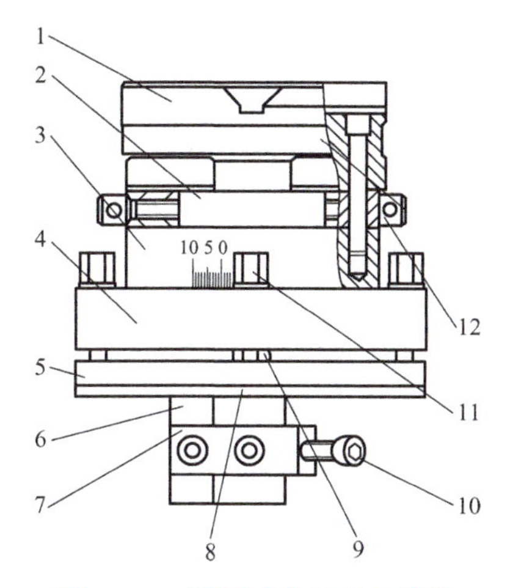

图 7-32　可调式电极夹头结构

1—夹具体　2—调整环　3—支承套　4—圆盘　5—固定座
6—V 形基准座　7—夹座　8—绝缘板　9—钢珠
10—紧固螺钉　11—垂直调整螺钉　12—转角调整螺钉

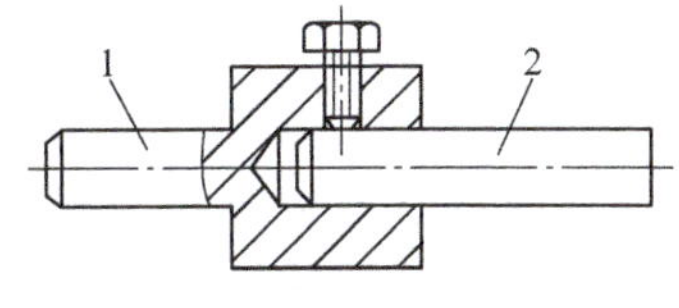

图 7-33　标准套筒夹具

1—套筒　2—电极

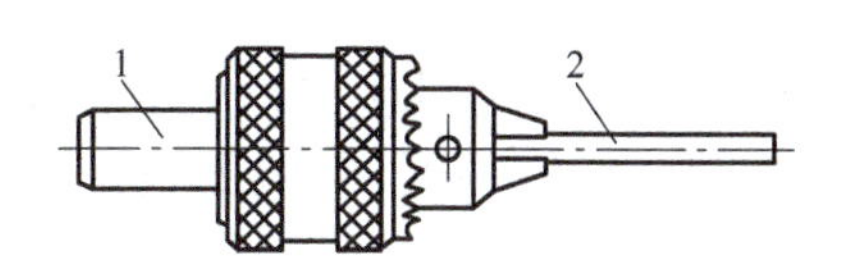

图 7-34　钻夹头装夹

1 —钻夹头　2—电极

2. 电极的校正

电极通过以上的固定方式装夹在电极夹头上之后，再装夹到可调式电极夹头上，通过调节电极夹头上的螺母进行调整，由于加工精度不高，圆柱形电极使用精密角尺校正即可，校正时需要用角尺对电极的 X、Y 两个方向校正，如图 7-35 所示。

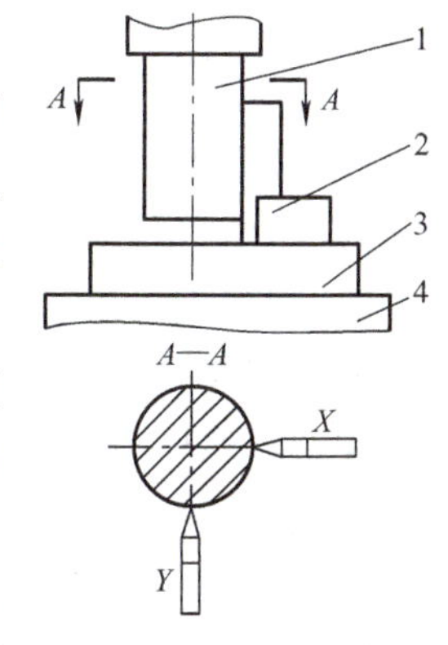

图 7-35　角尺校正电极

1—电极　2—角尺
3—磁力吸盘　4—工作台

在校正工件和电极时，需要通过机床手控盒移动主轴，由于使用的角尺将机床的正负极连通，使得 Z 轴不能移动，蜂鸣器会发出响声，可按手控盒或机床控制面板的“校正电极”按键。

电火花机床主轴一般都配有如图 7-32 所示的可调式电极夹头，该电极夹头是一种带有垂直和水平转角调节装置的结构。其调整方法为：在夹具体 1 前方左右各有一转角调节螺钉 12，可调整电极转角正负 10°；夹具体上左右、前后设有 4 个垂直调整螺钉 11，利用这 4 个螺钉可调整电极与工作台的垂直；夹具体下方是 V 形基准座，其上有相互垂直的两个基准面，可将电极柄定位于基准面上，用紧固螺钉将电极柄压紧吊住电极。

7.3.3　工件的装夹和校正

根据工件的形状，选择零件的装夹方式，一般可采用直接吸附在磁力平台上，也可以采用压板固定在工作台上，批量加工时为了方便工件定位，还可用平口虎钳装夹。工件装夹时将百分表座固定在机床电极夹头上，通过百分表校正工件，如图 7-36 所示。

7.3.4 工件坐标系的设定

电极和工件装夹校正后，要设定工件坐标系，将工件中心设为坐标原点，如图 7-37 所示，具体操作方法如下。

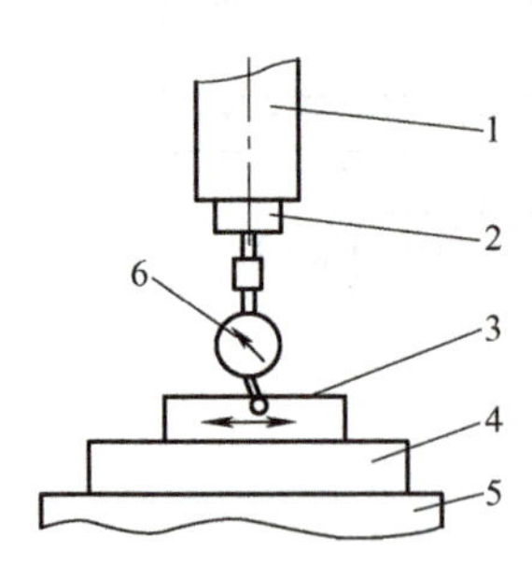

图 7-36 百分表校正工件

1—主轴 2—电极夹头 3—工件 4—磁力磁盘 5—工作台 6—百分表

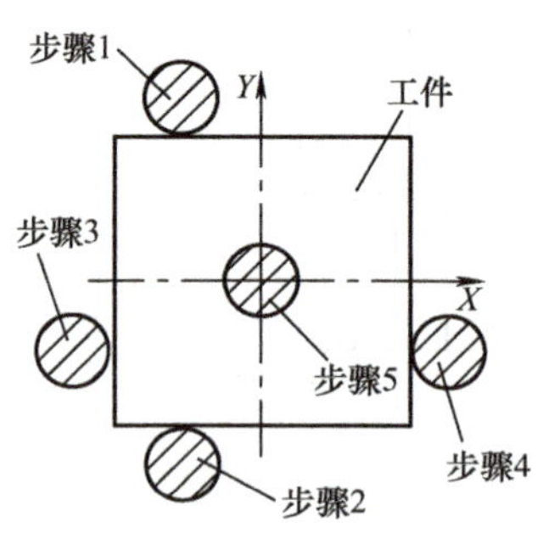

图 7-37 工件坐标系设定示意图

1）用手控盒移动机床主轴下降，使电极处于工件+*Y*方向的侧面，移动工作台，使电极慢慢接触工件+*Y*方向边，蜂鸣器报警后，用 ZNC 键盘上的方向键将光标移动到机床坐标显示窗口的 *Y* 轴处（绝对坐标或相对坐标均可），按“F4 位置归零”按键，再按“YES”按键确定，将电极当前所处坐标的 *Y* 值清零。

2）将电极移到-*Y*方向且慢慢接触工件，蜂鸣器报警后，按“F6 中心位置”按键、再按“YES”按键确定，将电极当前所处坐标的 *Y* 值除以 2，*Y* 轴的 0 点即是工件 *Y* 方向的中点。

3）按照上述方法，进行+*X* 方向靠边清零和-*X* 方向靠边设定中心位置的操作。

4）将电极移动到机床坐标的（0，0）点上。

5）将电极慢慢靠近工件上表面，当蜂鸣器报警后，将机床 *Z* 轴坐标清零，也可以按手控盒上的“AUTO”按键（电极自动对刀），电极会自动下移直至与工件上表面接触后停止并报警，将机床 *Z* 轴坐标清零后抬起主轴头。

7.3.5 执行加工操作

1）当工件坐标设定好后，根据图样尺寸，将电极移动至加工位置，关好工作液槽侧壁。

2）设置电参数，编辑 EDM 放电程序，见表 7-5。

表 7-5 EDM 放电程序

NO	*Z* 轴深度	AP	TA	TB	SP	GP	UP	DN	PO	BP	F1	F2	TM
1	3.000	3~9	150~300	30~60	6	45	4	6	+	0	OFF	ON	0

3）按手控盒上的“进油 ON”，将工作液槽放油拉杆提起旋转 90°后打开，使液槽内的火花油流入油箱内。调节喷油阀门压力，将喷油嘴对着加工处冲油。由于加工的放电面积小，所以采用冲油方式加工。

4）按下ZNC键盘上的“F2自动放电”按键和手控盒上的“放电”按键，这时“油位”保护开关的指示灯闪烁，按下此按键，机床开始加工。

5）如果要采用单节放电加工，则按“F1单节放电”，按机床提示输入加工的深度后，按手控盒上的“放电”—“油位”机床开始加工。设置单节放电参数时可按“F7放电条件”按键。

6）当电火花成形机床在放电中要修改EDM放电条件时，可按“F7放电条件”按键，光标自动跳到EDM放电参数显示框，使用上下光标按键移动到需修改的条件，使用左右游标增加或减少，所修改的条件会随时被送到放电系统。在加工中自动及单节放电功能均可随时修改其放电条件。

在加工中要修改放电参数，还可以先将Z轴抬起，修改后按“F2自动放电”和手控盒上的“放电”继续加工。

7）加工结束后，机床Z轴自动抬至安全高度停止加工，同时蜂鸣器报警（按“Z-”按键可消除报警，按“关油”按键关闭工作液。

8）取下工件，检验，填写项目报告。

7.3.6　电火花成形加工去除断在工件内的丝锥的工艺分析

在钻削小孔和用小丝锥加工螺纹时，由于钻头、丝锥硬而脆，且抗弯、抗扭强度低，往往被折断在小孔中。若丝锥或钻头尾部还有一段在零件外面时，则可用钳子夹住将其旋转取出；若无法用钳子取出，且孔又是通孔，则可采用线切割加工去除；若丝锥或钻头完全断在不通孔中时，为了避免工件报废，则用电火花成形加工方法取出。

去除丝锥和钻头时，电极材料可选用纯铜或黄铜杆，这两种材料来源方便，且利于车床加工，纯铜较黄铜的电极损耗小，但黄铜的放电加工过程稳定。

电极直径根据断在工件内的钻头或丝锥尺寸决定。对于钻头来说，电极直径应大于钻心直径，小于钻头外径，如图7-38a所示。工具电极的直径一般可取钻头外径的2/5~4/5，以取3/5d最佳。对于丝锥来说，电极直径应大于丝锥的中部直径，小于攻螺纹前的螺纹底孔（或丝锥的内径），如图7-38b所示。通常电极直径取$d'=(d_0+d_1)/2$最佳。也可根据钻头和丝锥直径参考表7-6来选择电极直径。

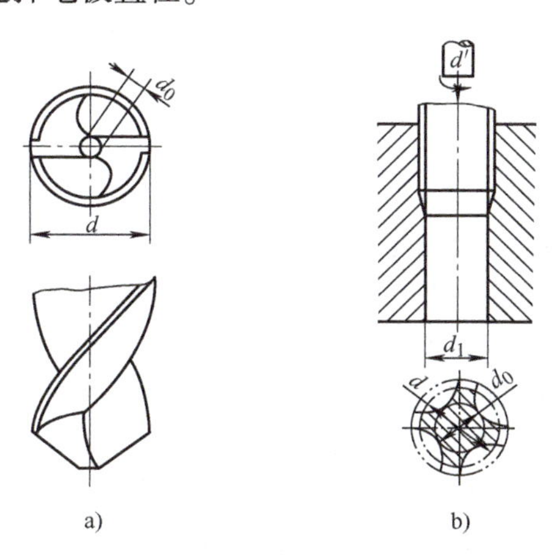

图7-38　钻头和丝锥的有关尺寸

a）钻头外径与钻心直径　b）丝锥相关尺寸

表 7-6 去除断在工件中的丝锥、钻头的工具电极直径选取

电极直径/mm	1~1.5	1.5~2	2~3	3~4	3.5~3.5	4~6	6~8
丝锥规格	M2	M3	M4	M5	M6	M8	M10
钻头直径/mm	2	3	4	5	6	8	10

7.3.7 机床的安全与维护

电火花成形加工直接利用电能，且工具电极等裸露部分有100~300V的高电压，高频脉冲电源工作时向周围发射一定强度的高频电磁波，人体离得过近或受辐射时间过长，会影响人体健康。此外，电火花成形加工中常用的火花油在常温下也会挥发，挥发出的油蒸气含有烷烃、芳烃、环烃和少量烯烃等有机成分，它们虽然不是有毒气体，但长期大量吸入人体也不利于健康。在火花油中长时间脉冲火花放电，瞬时局部高温下会分解出氢气、乙炔、乙烯、甲烷、少量一氧化碳和大量油雾烟气，遇明火很容易燃烧，引起火灾，吸入人体对呼吸器官和中枢神经也有不同程度的危害，所以人体防触电等技术和安全防火非常重要。

在电火花成形加工过程中必须注意以下几点。

1）电火花成形机床应设置专用地线，使电源箱外壳、床身及其他设备可靠接地。操作人员必须站在耐压20kV以上的绝缘板上进行工作，加工中不要触摸电极和工件，以防触电。

2）添加工作液时，不得混入汽油之类的易燃液体，防止引起火灾。油箱要有足够的循环油量，使油温控制在安全范围内。

3）光感探头对准电极位置，使灭火器处于触发状态。

4）设置合适的工作液面，使液控浮子起作用。

5）必须使工作液面高于工件表面，或在最高点30mm以上。

6）校正电极后，及时将“校正电极”按键关闭，即指示灯熄灭，否则在操作过程中容易碰撞电极。

7）主轴二次行程调整时必须松开锁紧，调至合适位置后再次锁紧，不得在锁紧状态下开起二次行程开关。

8）所有传动件、丝杠等均为高精度部件，均需要轻轻摇动，不可大载荷、超行程动作。

9）传动部件须经常通过手拉泵加油润滑。

10）设备使用后须清扫干净，擦净工作台和吸盘上的工作液，不得使吸盘和工作台面生锈，机床长时间不用时要涂防锈油。

7.3.8 电火花成形加工的技巧

1）适宜的排屑是保证加工稳定顺利进行的关键。一般排屑常采用在电极或工件上进行冲油（喷油），电极与工件间侧冲油，以利于用抬刀过程进行挤压排屑等方式进行。对排屑条件不良的情况，若在不通孔和在电极或工件上没有冲油孔的型腔加工中，应采用定时抬刀或自适应抬刀以利于排屑。若要求表面粗糙度值越小，则每分钟抬刀次数也应越多。

2）实现无损耗加工或低损耗加工。在起始加工时由于接触面积较小，应设定小电流进行加工，以保证电极不受损，待电极与工件完全接触后，再逐步增加加工电流。

3）以降低表面粗糙度值为目的时，应采用分段加工方法，即每一段一组加工参数，后一段的加工参数使得表面粗糙度比前一段降低1/2，直至达到最终要求。

4）加工极性一般采用负极性，即工件接负极。

课题 4　完成不通孔的电火花成形加工

说明：利用所学知识，装夹圆形电极并校正，加工一个深 3 mm 的不通孔（为控制加工时间，可将加工深度限制到 0.5 mm），教师根据学生操作机床情况，现场巡回指导。加工完成后学生填写表 7-7 项目报告，教师按照项目报告要求对学生进行成绩评定。

加工注意事项。

1）喷油加工时，要注意防火。

2）放电加工时，可调式电极夹头的红圈（绝缘板）以下不能触碰，防止触电。

表 7-7　项目 7 成绩评定表

7. 不通孔的电火花成形加工

零件图

电极材料：________
工件材料：________

EDM 放电参数

序号	Z 轴深度	BP	AP	TA	TB	SP	GP	UP	DN	PO	F1	F2	TM

项目	内容				得分	
脉冲参数（20 分）	粗加工、半精加工、精加工参数是否合理				得分	
操作（30 分）	工件装夹、定位、参数设置、操作熟练程度等				得分	
表面粗糙度（20 分）					得分	
工件尺寸（20 分，超差 0.02 mm 不得分）	自测尺寸				得分	
	教师检测					
其他（10 分）					得分	
项目成绩				评分教师		

项目小结

通过本项目的学习，应掌握如下知识。

1）了解电火花成形加工的原理、一般规律、特点及应用范围。

2）掌握电火花成形加工电参数的选择原则与方法。

3）熟悉电火花成形机床的结构组成。

4）掌握电火花成形机床的操作方法（电极装夹、校正，工件定位，程序编辑，参数设置等）。

5）能进行零件简单型腔的电火花成形加工。

6）了解机床安全操作及维护的相关知识。

思考与练习

1. 简述电火花成形加工的原理、特点与适用范围。
2. 电火花成形机床能加工内螺纹吗？需要什么附件？
3. 简述电火花成形加工时电参数对放电间隙的影响。

项目 8　型腔的电火花成形加工

➤ 项目内容

在本项目中，要完成如图 8-1 所示型腔的加工，工件材料为 45 钢，在放电加工前已经对型腔进行了铣削加工，留有加工余量。

1. 零件图形

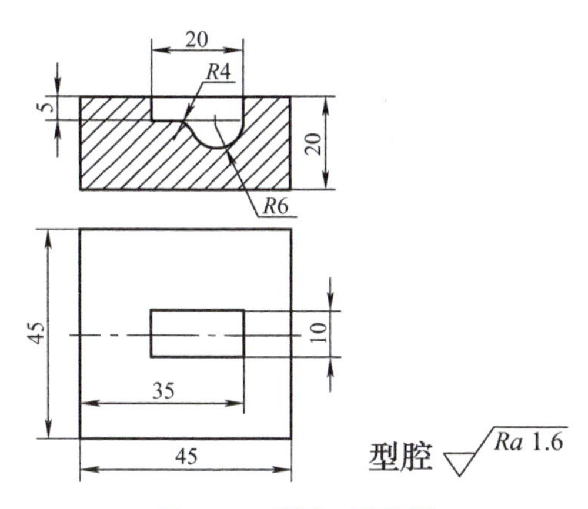

图 8-1　项目 8 零件图

2. 编程与加工要求

1）根据电极形状，装夹和校正电极。
2）根据图样尺寸，确定电极与工件相对位置。
3）根据材料种类和加工要求，正确设置电参数。
4）操作机床，进行零件加工。

➤ 知识点

为了完成上述零件的加工，本项目着重讲述如下课题。
课题 1　电火花成形加工工艺与机床操作
课题 2　完成形腔的电火花成形加工

➤ 学习内容

课题 1　电火花成形加工工艺与机床操作

8.1.1　电极的结构

一个完整的电极应具备以下 4 部分组成：产品形状部分、打表分中位、避空直身位和基准角，如图8-2所示。

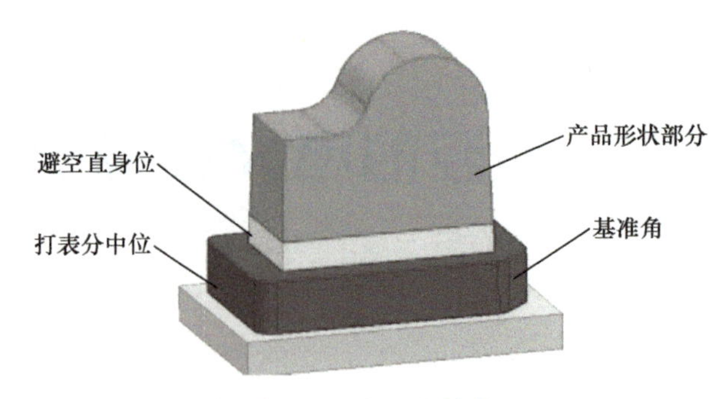

图8-2 电极的结构

1. 产品形状部分

它是电极的核心组成部分，若缺了它或者这部分损坏，则整个电极就失去意义。电极在电火花成形机床上对模具进行放电加工，模具型腔（产品表面形状）就是由这个部分来加工的。电极的成形表面相当于把产品表面沿着曲面法线方向向内等距一个火花位距离的曲面。

2. 避空直身位

它的侧面是直的，它在放电加工中的作用，就是保证型腔在加工到需要的深度时打表分中位，不至于碰到模具表面，也就是起避空作用。

3. 打表分中位

在模具加工时，模坯的形状是一个长方体，通过找正、分中就可以把工件放平整，找到产品中心，这样才能把预期想要的加工部分准确地加工到模具上；电极有了以上两部分还不够，还必须有能够把电极放正、定位的结构部件，这就是打表分中位，它就起到上述的作用。

4. 基准角

电极一般都需要加工一个或两个基准角。电极在对模具进行电火花成形加工时，需要正确安装，基准角就是用来校核电极与模具的相对方向的。

以上电极的4部分结构缺一不可，因为每一部分都有各自的作用，缺一部分电极都将无法使用。

8.1.2 电极、工件的装夹和校正

1. 电极的装夹

（1）采用通用夹具装夹　方形电极可在电极上加工出螺钉过孔，利用如图8-3所示的电极夹具装夹，也可以用如图8-4所示的带有连接杆的小型精密虎钳装夹。尺寸较大时可在电极上加工出螺纹孔，用图8-5中的螺杆旋入固定。再将电极固定到机床主轴上时，一定要注意电极的基准角与模具的一致。

（2）采用快换式电极夹头装夹　电火花成形加工中，为了便于校正电极和解决形状复杂，无法加工基准面的电极制造问题，可在电极加工前将其固定在一个附加基准（随行夹具）上，并保证夹具和电极之间的连接可靠，在电极的车、铣、电火花线切割直至最后电

火花成形加工时，都以此为定位基准，这种附加基准由于采用基准统一的原理，故可控性和重复性好，装拆过程无须找正就可保证位置精度，其重复定位精度可控制在 2 μm 左右，减少辅助调整时间，一般称为快换式电极夹头。图 8-6 所示为快换式电极夹持座组合，这种夹具由若干卡盘和电极座组成，一般卡盘最少有两个，一个用于电极制造，可安装在车床、铣床或电火花线切割机床上；另一个安装在电火花成形机床上。电极座需要较多，每个电极用一个夹头。

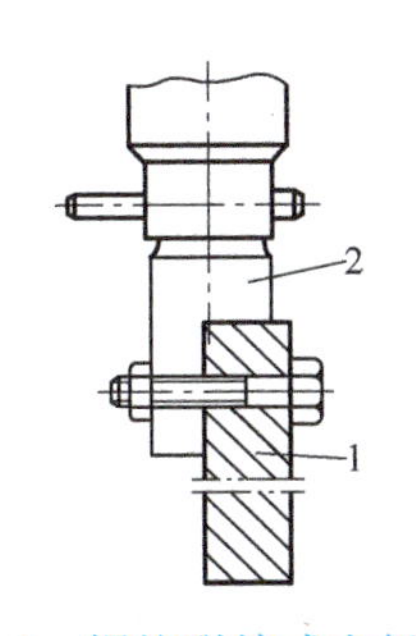

图 8-3　螺纹联接式电极夹具
1—电极　2—夹具

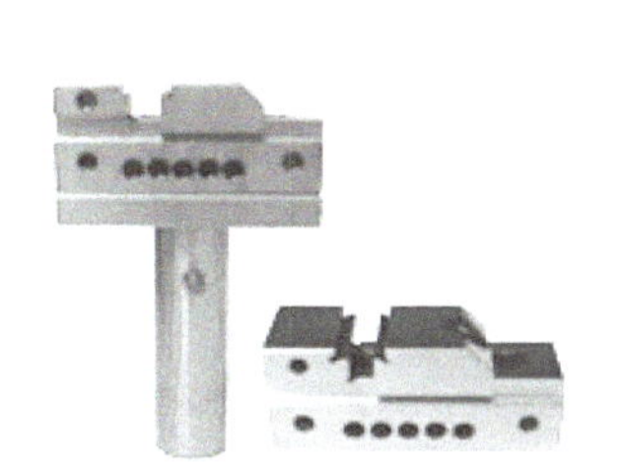

图 8-4　专用电极夹具

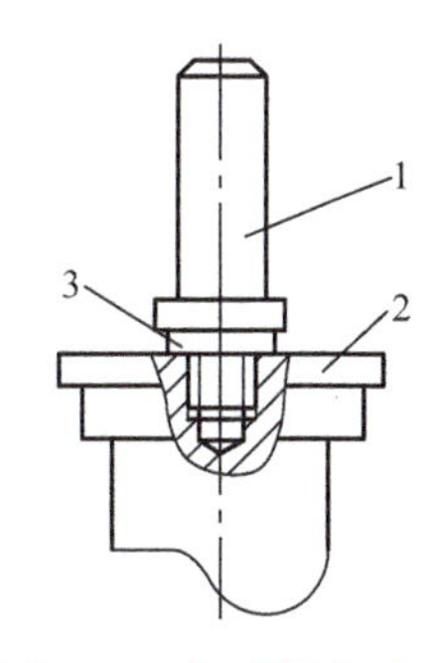

图 8-5　标准螺纹夹具
1—螺杆　2—电极　3—垫圈

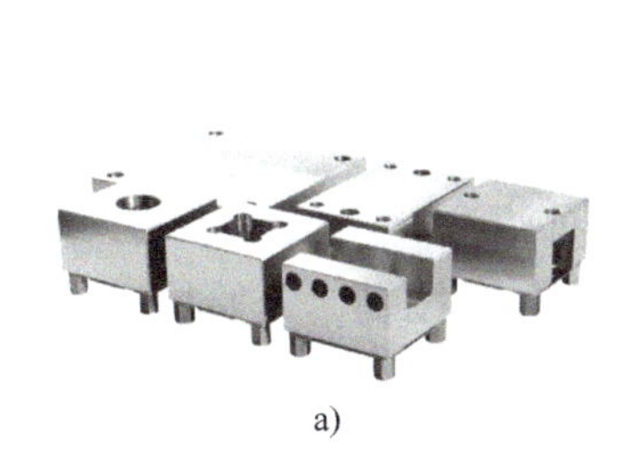

a)

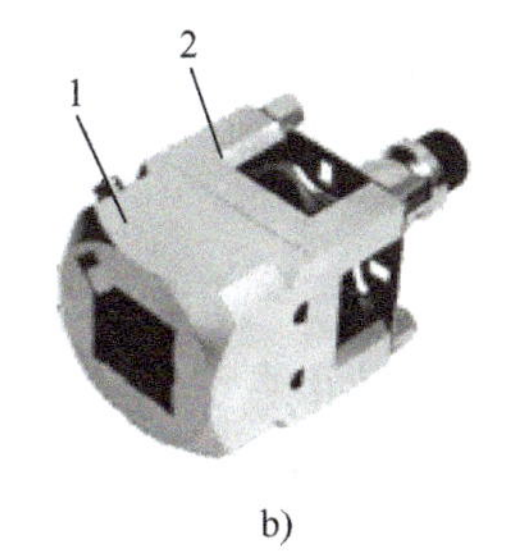

b)

图 8-6　快换式电极夹持座组合
a）电极座　b）电极座与卡盘安装
1—电极座　2—卡盘

2. 电极和工件的校正

电极装夹好后，通过百分表对电极基准面进行校正，边打表边调节主轴上的电极夹头。需要注意的是，要对电极的两个基准面的垂直度和角度进行校正，如图 8-7 所示。工件的校正在 7.3.3 节中已述，此处不再介绍。

8.1.3　工件坐标系的设定

电极和工件装夹校正好后，需设定工件坐标系，以工件中心作为坐标原点，如图 8-8 所示，具体操作方法如下。

1）移动工作台，使电极基准面碰触工件 Y 方向的两侧，设定工件 Y 方向中心位置。具体操作方法见 7.3.4 节。

2）将电极移到 $-X$ 方向并慢慢靠近接触工件，蜂鸣器报警后，按“F4 位置设定”按键，输入设定值为 0，按“Enter”按键。按“Z-”抬升 Z 轴至工件表面以上。

3）将电极移动到（0，35）处。

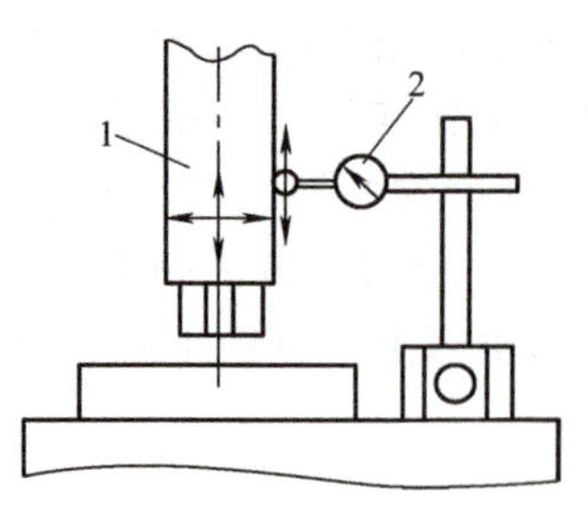

图 8-7 用百分表校正电极

1—电极 2—百分表

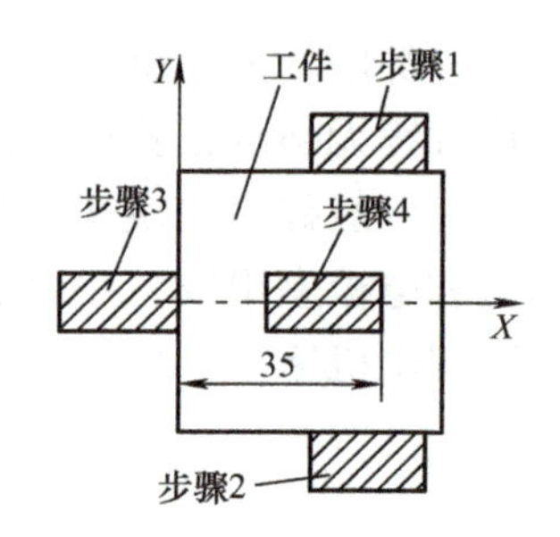

图 8-8 工件坐标系设定示意图

4）按手控盒上的“AUTO”按键使电极自动对刀，电极会自动下移直至与工件上表面接触后停止报警，将机床 Z 轴坐标清零后抬起主轴头。

8.1.4 执行加工的操作步骤

1）当工件坐标设定好后，根据图样尺寸，将电极移动至加工位置，关好工作液槽侧壁。

2）编辑加工程序，设置的放电参数见表 8-1，考虑到电极在加工时的损耗，Z 轴加工深度初始设置 11.02 mm，加工过程中根据测量尺寸再修改。

3）按手控盒上的“进油（ON）”按键，调节工作液槽液面高度至淹没工件 40 mm 左右。

4）调节喷油阀门压力，将喷油嘴对着加工处喷油。

5）按下“F2 自动放电”和手控盒上的“放电”按键，开始加工。

6）根据加工稳定性，可按“F7 放电条件”按键，随时修改 EDM 放电条件。

7）加工结束后机床 Z 轴自动抬起，停止加工并报警，按下“关油（OFF）”按键并抬升主轴。

8）取下工件，检验，填写项目报告。

表 8-1 EDM 放电参数

NO	Z 轴深度	AP	TA	TB	SP	GP	UP	DN	PO	BP	F1	F2	TM
1	10.800	12	300	90	5	55	4	6	-	0	OFF	ON	0
2	10.950	9	200	90	6	45	4	6	-	0	OFF	ON	0
3	11.02	6	120	45	6	45	4	7	-	0	OFF	ON	0

课题 2 完成型腔的电火花成形加工

说明：利用所学知识，装夹电极并校正，按图样要求操作机床加工型腔。教师根据学生操作机床情况，现场巡回指导。加工完成后学生填写表 8-2 项目报告，老师按照要求对学生进行成绩评定。

加工注意事项：

1）在浸油加工时，要注意关好工作台油槽侧门，防止漏油。

2）当电极位置定好后，要锁紧工作台 X、Y 轴，并拔出插销，防止加工时误移动。

表 8-2　项目 8 成绩评定表

8. 型腔的电火花成形加工

零件图

电极材料：________
工件材料：________

EDM 放电参数

序号	Z 轴深度	BP	AP	TA	TB	SP	GP	UP	DN	PO	F1	F2	TM

<table>
<tr><td>脉冲参数（20 分）</td><td colspan="4">粗加工、半精加工、精加工参数是否合理</td><td>得分</td><td></td></tr>
<tr><td>操作（30 分）</td><td colspan="4">工件装夹、定位、参数设置、操作熟练程度等</td><td>得分</td><td></td></tr>
<tr><td>表面粗糙度（20 分）</td><td colspan="4"></td><td>得分</td><td></td></tr>
<tr><td rowspan="2">工件尺寸（20 分，超差 0.02 mm 不得分）</td><td>自测尺寸</td><td></td><td></td><td></td><td rowspan="2">得分</td><td rowspan="2"></td></tr>
<tr><td>教师检测</td><td></td><td></td><td></td></tr>
<tr><td>其他（10 分）</td><td colspan="4"></td><td>得分</td><td></td></tr>
<tr><td>项目成绩</td><td colspan="4"></td><td>评分教师</td><td></td></tr>
</table>

项目小结

通过本项目的教学，应掌握如下知识：

1）进一步掌握电火花成形加工电参数的选择原则与方法。

2）掌握电火花成形机床的操作方法（电极装夹、校正，工件定位，程序编辑，参数设置等）。

3）能进行简单零件型腔的电火花成形加工。

思考与练习

1. 对于方形基准电极校正时，应对电极基准面进行哪几个方向的校正？
2. 加工工件表面粗糙度值大的原因及处理方法是什么？
3. 放电加工时，电流表指针不稳定时应如何调整加工参数？

模块三　典型零件加工项目实战

项目9　成形车刀的线切割编程与加工

➢ 项目内容

在本项目中，要完成如图9-1所示成形车刀的编程与加工。已知：车刀坯料尺寸为16 mm×16 mm×150 mm，材料为高速钢。

1. 零件图形

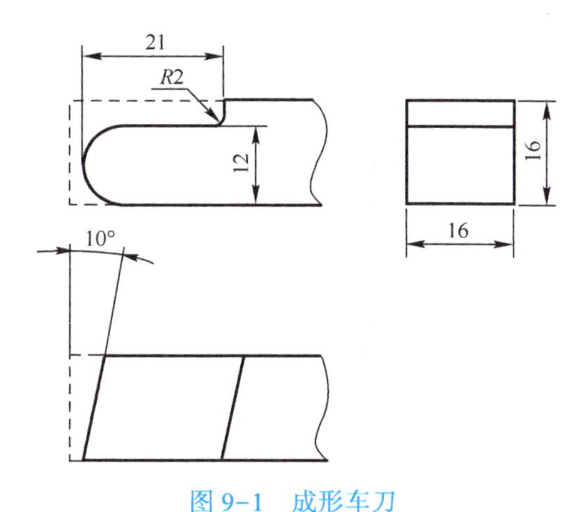

图9-1　成形车刀

2. 编程与加工要求

1）根据电极丝实际直径，正确计算偏移量。

2）根据图形特点，正确选择零件的引入线位置和切割方向。

3）根据坯料尺寸，正确选取外形轮廓引入线的长度。

4）根据材料种类和厚度，正确设置脉冲参数。

5）根据程序的引入位置和切割方向，正确装夹工件、定位电极丝。

6）操作机床，进行成形车刀的加工。

➢ 知识点

为了完成上述零件的加工，本项目着重讲述如下课题。

课题1　成形车刀工艺分析与编程技巧

课题2 成形车刀的加工

学习内容

课题1 成形车刀工艺分析与编程技巧

30 成形车刀工艺分析

9.1.1 成形车刀工艺分析

1. 成形车刀概述

成形车刀又称为样板刀，是一种专用刀具，其刃形是根据工件要求的廓形而设计的。它主要用在普通车床、六角车床、半自动及自动车床上加工内外回转体成形表面。用成形车刀加工时，工件廓形是由刀具切削刃一次切成的，同时作用切削刃长，生产率高；工件廓形由刀具截形来保证，被加工工件表面形状、尺寸一致性好，互换性高，质量稳定；加工精度可达IT10~IT8，表面粗糙度可达3.2~6.3μm。

但成形车刀的刀具廓形大多比较复杂，设计、制造比较麻烦，成本较高；由于同时作用切削刃长以及其他结构因素，切削性能较差，容易产生振动，影响加工质量；使用时对安装精度的要求高，安装调整比较麻烦。成形车刀多用于成形回转表面的成批、大量生产中。目前，在汽车、拖拉机、纺织机械和轴承制造等行业中应用较多。

2. 加工方法

成形车刀的刀具廓形主要由零件的廓形来确定，主要包括深度、宽度、圆弧等尺寸。成形车刀由于材料硬度高，一般的圆弧成形车刀在砂轮机上磨制，用圆弧样板检测，单精度较低；采用光学曲线磨床进行磨削加工，存在光学曲线磨床的设备投资大，操作复杂，劳动强度大，加工效率低等缺点。

利用线切割加工成形车刀，可直接利用工件的廓形进行编程，无须进行修正计算，刀具廓形一次加工成形，加工精度和效率高，操作简单可靠，加工完成后用油石对切割面进行修光。

9.1.2 程序编辑

31 成形车刀程序编制

由于刀体坯料的4个大面已经进行了磨削，因此用线切割机床时只需对车刀的成形部分进行加工，程序的起始切割点为*A*点，如图9-2所示。该零件加工轨迹比较简单，采用手工编程也比较方便，此处介绍用CAXA线切割软件自动编程。

零件的程序编制与凸模类零件程序的编制方法基本一致，首先生成加工轨迹程序，然后删除不需要切割的程序段。

1. 绘图

按照图9-1中主视图所示的粗实线，绘制车刀要加工部分的轮廓图形，并将图形连接使其封闭，如图9-2所示。由于加工时不需要切入程序，所以在生成轨迹前不需要将图形的起始切割点移动到坐标系原点。

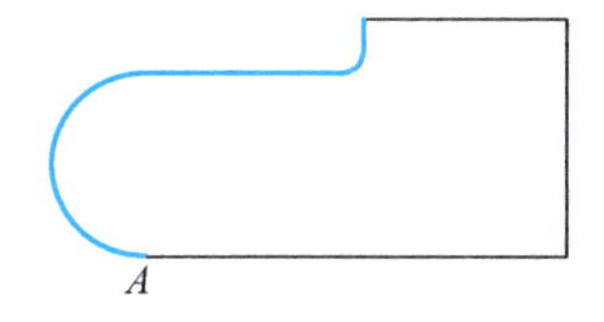

图 9-2　成形车刀轮廓图

2. 生成加工轨迹

考虑加工时使用 0.18 mm 的电极丝，单边放电间隙为 0.01，切割后的单边修光余量 0.02，计算出补偿值为 0.12。单击“线切割”菜单栏，选择“轨迹生成”，屏幕上会弹出“线切割轨迹生成参数表”对话框，按图 9-3 中要求填写参数后，单击“确定”按钮。

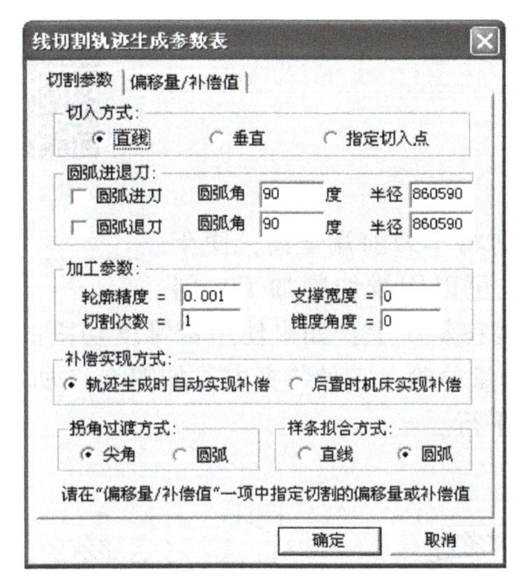

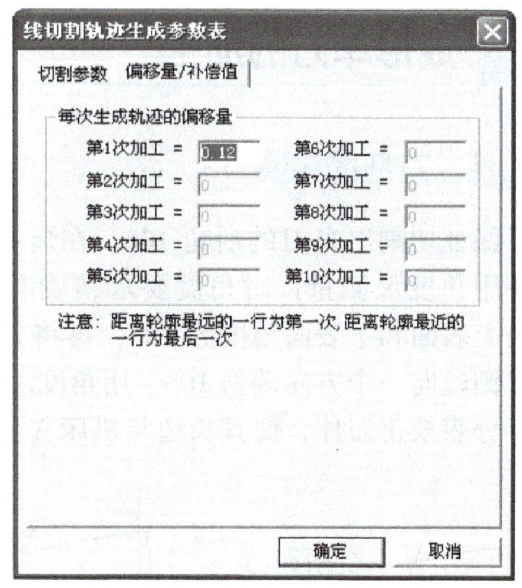

图 9-3　“线切割轨迹生成参数表”对话框

屏幕左下方会提示，拾取轮廓时应选择大圆弧，再选择轮廓上顺时针指向的箭头、轮廓外面的箭头，提示输入穿丝点时，用鼠标任意选取一点，最后按〈ENTER〉键选择穿丝点与回退点重合即可。图形上出现的绿色线条为自动生成的轨迹，如图 9-4 所示。

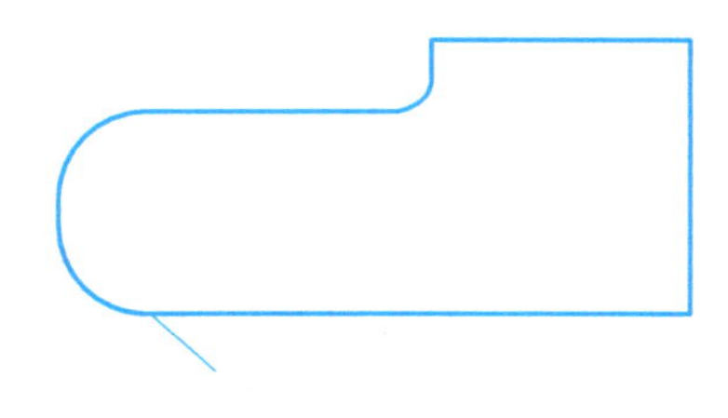

图 9-4　自动生成的轨迹

3. 生成代码

生成代码步骤与凸模程序一致（注意生成 3B 代码时选择对齐指令格式），对弹出的程序进行修改，如图 9-5 所示，删除方框以外的程序段并保存。

4. 程序校验

单击“线切割”菜单栏，选择“校验 B 代码”，屏幕上会弹出“反读 3B/4B/R3B 加工代码”对话框，打开刚才修改后的3B代码，单击常用工具条中的“显示全部”，显示修改后的加工程序轨迹如图9-6所示。

```
B   3195 B   2989 B   3195 GX L2
B      0 B   6120 B  12240 GX SR3
B  13000 B      0 B  13000 GX L1
B      0 B   1880 B   1880 GY NR4
B      0 B   2120 B   2120 GY L2
B  14759 B      0 B  14759 GX L1
B      0 B  16240 B  16240 GY L4
B  29639 B      0 B  29639 GX L3
B   3195 B   2989 B   3195 GX L4
DD
```

图9-5 车刀加工程序

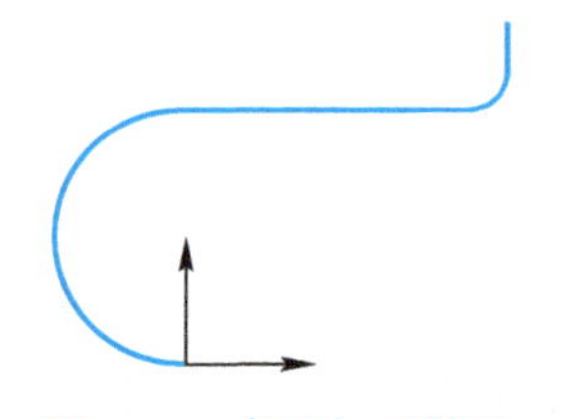

图9-6 车刀加工轨迹

课题2 成形车刀的加工

32 成形车刀的加工

9.2.1 刀坯的装夹

为了保证切割出车刀的后角10°，在装夹时将车刀前端垫高，使车刀倾斜并用角度尺测量；对角度要求精确时也可以用线切割加工一斜块，斜块上表面和下表面角度为10°，再将刀装在斜块上；如果使用带锥度切割的机床时，也可以将钼丝向一个方向调斜10°，用角度尺测量检验，三种装夹方式如图9-7所示。装夹好后用百分表校正刀体，使其长边与机床X轴平行。

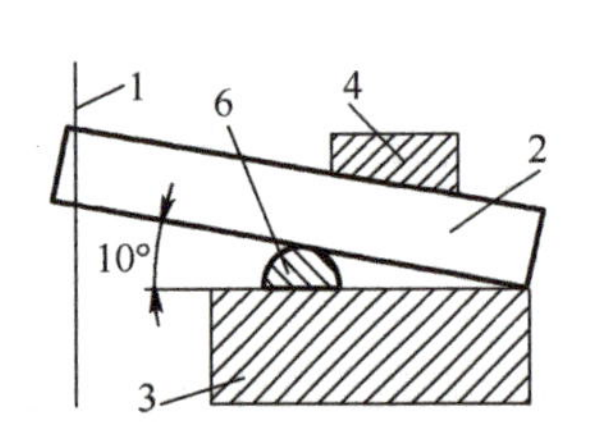

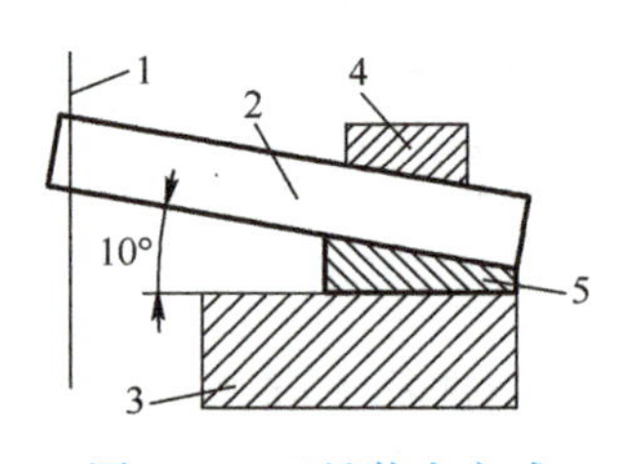

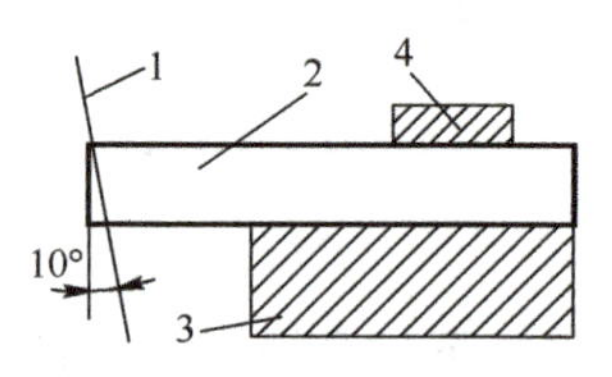

图9-7 刀具装夹方式

1—钼丝 2—刀体 3—支撑板 4—压板 5—斜块 6—垫块

9.2.2 钼丝的定位

将钼丝穿好后进行校正垂直，利用机床的靠边定位功能（接触感知定位法见2.2.3节）使电极丝在Y方向刚好靠在车刀体侧边。在自动靠边定位前将工件与电极丝接触的面擦拭干净，接触面不能有油、铁锈等污物，否则会影响电极丝的定位精度。

打开CNC2软件，进入到主菜单，打开机床控制面板上的“进给”—“变频”，按“光标”键选择主菜单中的“靠边定位”并按〈Enter〉键，再选择靠边的方向，即L2方向，靠边方向的选择参考图9-8。

用机床手控盒移动工作台X方向，使电极丝移至距刀体左侧8 mm处。定位好的电极丝位置如图9-9中A点所处位置。最后，安装储丝筒保护罩、上丝架保护罩和工作台保护罩。

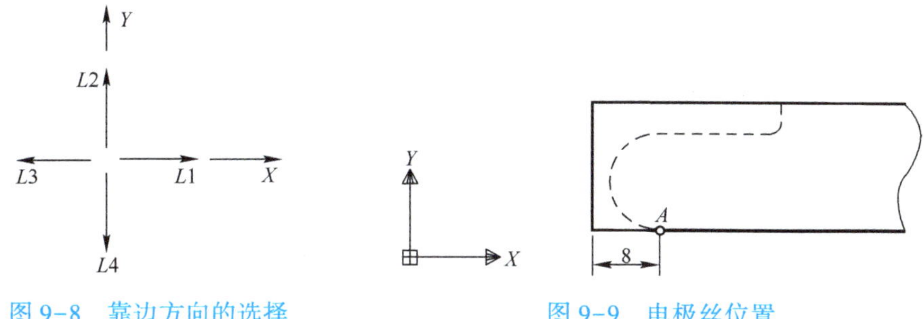

图 9-8　靠边方向的选择　　图 9-9　电极丝位置

9.2.3　成形车刀线切割加工

成形车刀的线切割加工方法与凸模类零件的加工方法相同，这里不再介绍。但应注意，加工完的成形车刀还需要用油石对切割面进行抛光才能使用。

思考与练习

1. 自动靠边定位的原理是什么？
2. 影响靠边定位精度的因素有哪些？

项目 10　典型模具零件的线切割编程与加工

➤ 项目内容

线切割加工在冲压模具加工中应用非常广泛。一套冲压模具的不同零件，如凸模、凸凹模、固定板、凹模、卸料板等零件，只需绘制一个基准件图形，根据零件之间的配合关系，通过调整电极丝的偏移量（补偿值），就可以直接完成不同零件的程序编制。

本项目以凹形垫片冲孔、落料两工位级进模为例，分课题讲解该模具的落料凸模（见图 10–2）、凹模板（见图 10–3）、凸模固定板（见图 10–4）、卸料板（见图 10–5）共 4 个零件型孔部分的线切割编程与加工。

说明：本模具图 10–1 所示冲孔凸模主要采用车削、磨削加工，本书不作介绍。本项目只冲孔凸模刃口为基准件，配作卸料板、凹模板。以冲孔凸模固定段为基准件配作凸模固定板。

1. 模具零件图

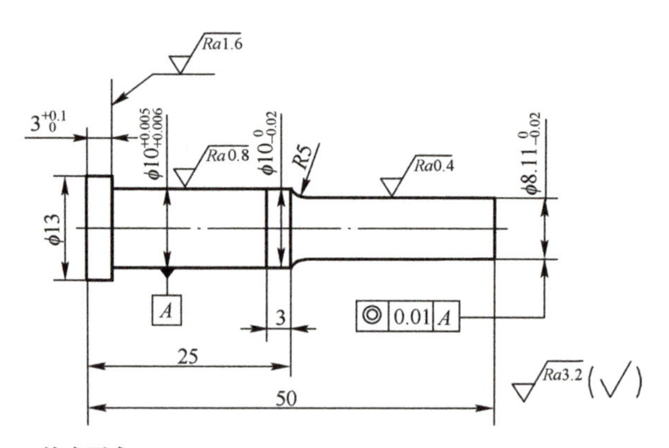

技术要求：

1. 材料：Cr12MoV；
2. 热处理硬度：58~62HRC。

图 10–1　冲孔凸模

2. 编程与加工要求

1）读懂图示模具零件图，分析加工工艺，明确需要线切割加工的内容。

2）根据模具零件尺寸及技术要求，正确计算基准件、配合件的偏移量（补偿值），确定偏移方向。

3）正确选择穿丝点位置，模具零件的切入点和切割方向。

4）根据材料种类和厚度，正确设置脉冲参数。

5）根据程序的引入位置和切割方向，正确装夹工件、穿丝和定位电极丝。

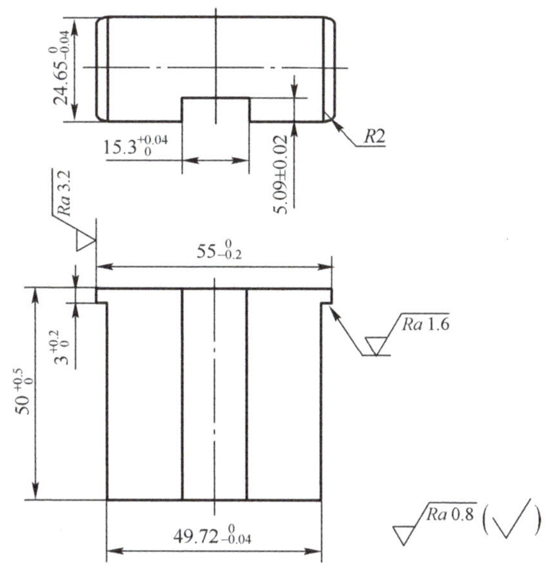

技术要求：

1. 材料：Cr12MoV；
2. 热处理硬度：58~62HRC。

图 10-2 落料凸模

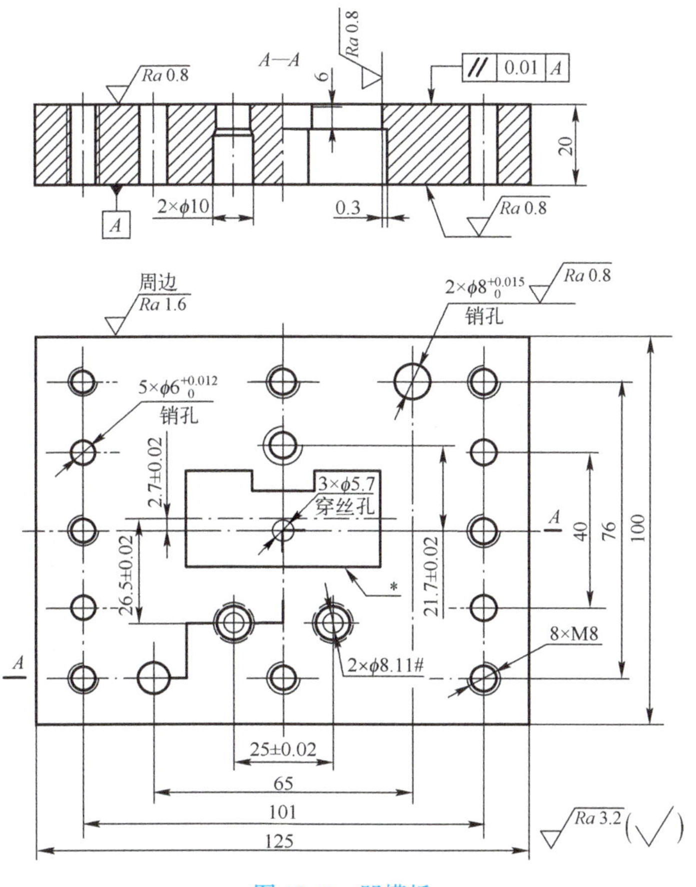

技术要求：

1. 材料：Cr12MoV；
2. 热处理硬度：60~64HRC；
3. 型孔带#尺寸以冲孔凸模配作，带＊尺寸以落料凸模配作，保证双面配合间隙为 0. 10 mm；
4. 模板四周棱边倒角 C0. 5。

图 10-3 凹模板

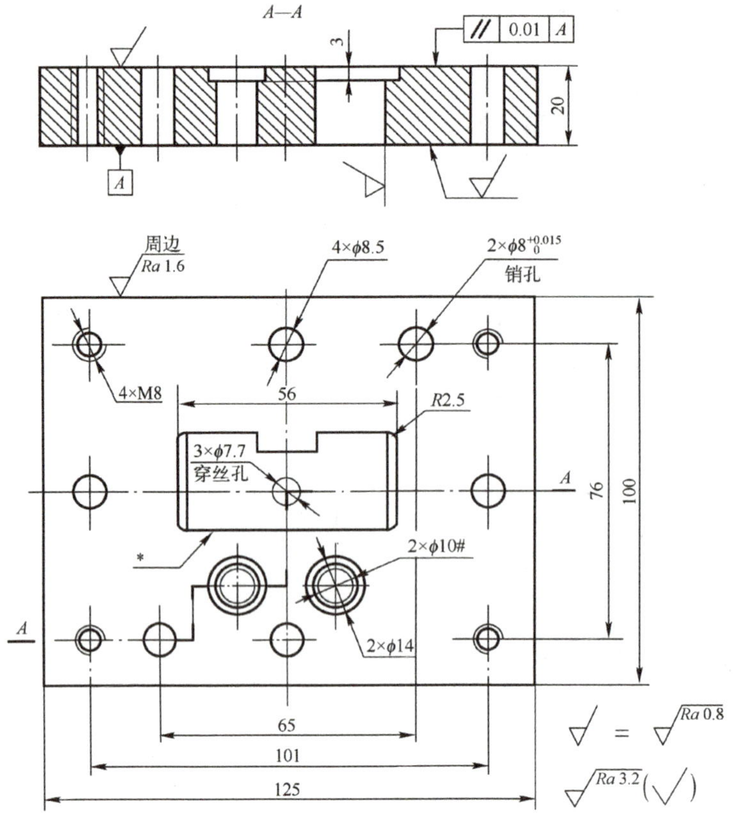

技术要求：

1. 材料：45钢；
2. 型孔带#尺寸以冲孔凸模配作，带*尺寸以落料凸模配作，双边过盈量为0.01mm；
3. 型孔位置尺寸与凹模板一致；
4. 模板四周棱边倒角C0.5。

图 10-4　凸模固定板

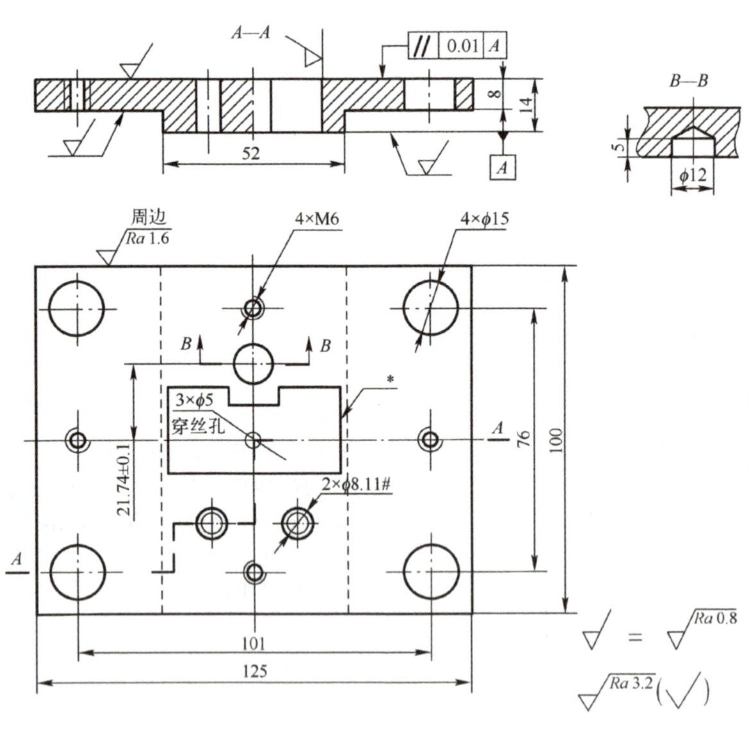

技术要求：

1. 材料：Q235；
2. 型孔带#尺寸以冲孔凸模配作，带*尺寸以落料凸模配作，双面间隙0.16mm；
3. 型孔位置尺寸与凹模板一致；
4. 模板四周棱边倒角C0.5。

图 10-5　卸料板

6）操作机床，进行模具零件的加工。

知识点

为达到综合运用所学知识，提高线切割加工模具零件的技术与技能，本项目讲述如下课题：

课题 1 落料凸模的线切割编程与加工实例
课题 2 凹模板的线切割编程与加工实例
课题 3 凸模固定板的线切割编程与加工实例
课题 4 卸料板的线切割编程与加工实例

学习内容

课题 1 落料凸模的线切割编程与加工实例

本课题要完成图 10-2 所示落料凸模的编程与加工。

已知：材料为 Cr12MoV 的预硬料，硬度为 58～62HRC，备料尺寸为 250 mm×100 mm×51 mm。

10.1.1 加工工艺路线

目前，为了缩短交货周期和方便制造，冷冲压模具中的凸模常采用预先热处理好的材料进行加工。由于材料硬度高，精度和表面粗糙度要求高，传统加工只能采用磨削。传统磨削加工对操作工技术要求高，劳动强度大，加工效率低。利用线切割加工凸模，加工精度和效率高，精度容易保证。

落料凸模加工工艺路线如下。

1）备料：Cr12MoV 预硬料，硬度为 58～62HRC，尺寸为 250 mm×100 mm×51 mm。
2）打穿丝孔：采用电火花穿孔机打孔。
3）线切割加工达俯视图各尺寸，预留单面研磨余量 0.01 mm。
4）线切割加工凸模挂台，预留单面研磨余量 0.01 mm。
5）钳工：对线切割加工表面进行研磨，达到图样尺寸。
6）检验。

10.1.2 线切割主要工艺装备

1）夹具：压板组件一套 5 组，垫板一个，垫块若干。
2）辅具：活扳手。
3）电极丝：直径 0.18 mm。
4）量具：千分尺（分度值为 0.01 mm），游标卡尺（分度值为 0.01 mm），带磁力表架的百分表（分度值为 0.01 mm）。
5）量仪：光学测量投影仪。

10.1.3 线切割工艺分析

该零件尺寸精度较高，需要分两次装夹、加工，第一次切割出仰视图外形，采用预打穿丝孔方式加工，尽可能避免因材料变形影响工件精度，穿丝点选择在如图 10-6 所示的位置，直径为 1 mm。第二次将凸模放倒装夹，切割两侧，形成凸模挂台。

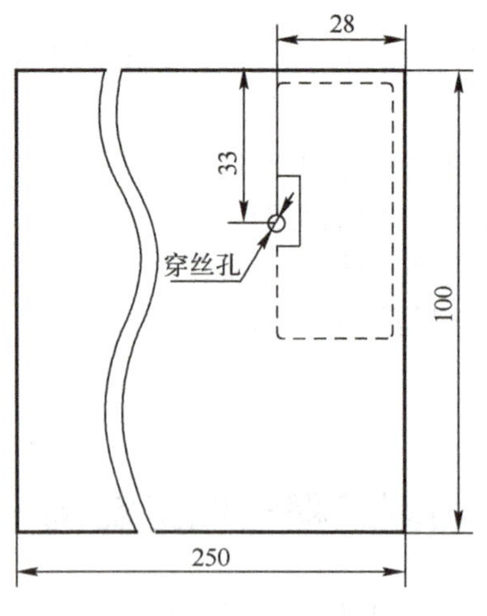

图 10-6 穿丝孔

1. 第一次切割

（1）工件的装夹与校正 材料毛坯上下两大面已经磨削，装夹方式如图 10-7 所示，因第一次切割的电极丝轨迹为封闭轮廓，工件校正采用目测校正即可。

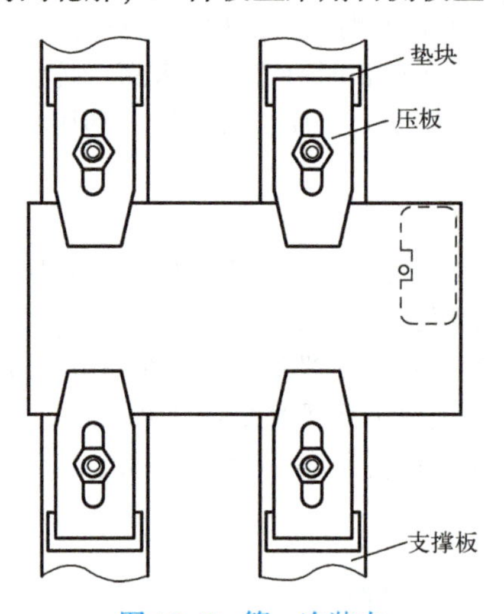

图 10-7 第一次装夹

（2）绘制零件轮廓图 考虑到凸模的尺寸公差，在绘图时采用尺寸中间值，绘制如图 10-8 所示的落料凸模刃口轮廓，并按尺寸绘制穿丝孔。

（3）生成加工轨迹 考虑加工时使用 0.18 mm 的电极丝，单边放电间隙为 0.01 mm，切割后的单边修光余量为 0.01 mm，补偿值＝电极丝半径 0.09 mm＋单边放电间隙 0.01 mm＋研磨余量 0.01 mm＝0.11 mm。

单击“线切割”菜单栏，选择“轨迹生成”，在“线切割轨迹生成参数表”中选择切入方式为“直线”，输入补偿值后确定，屏幕左下方提示拾取轮廓，选择起始切割边、切割方向、补偿方向，提示输入穿丝点时，用鼠标选取穿丝孔中心，最后按〈Enter〉键选择穿丝点与回退点重合即可，生成的加工轨迹如图 10-9 所示，加工轨迹方向为顺时针。

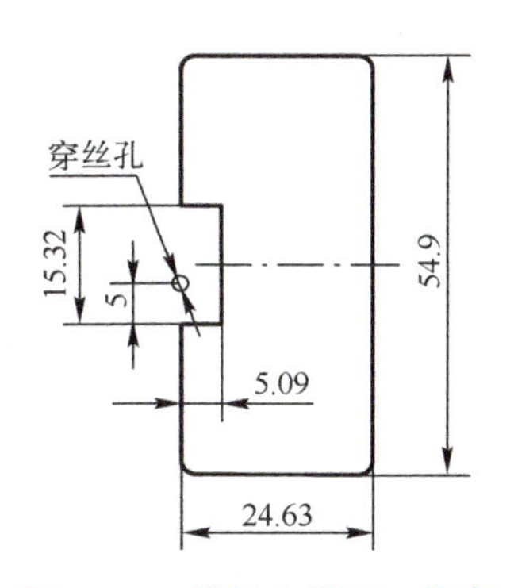

图 10-8　落料凸模刃口轮廓

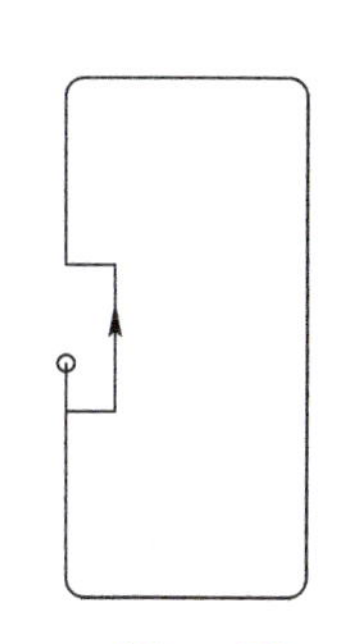

图 10-9　第一次加工轨迹

（4）生成 3B 代码　单击“线切割”菜单栏，选择“生成 3B 代码”，在弹出的对话框中选择保存路径和输入程序名后确定，在屏幕左下角的立即菜单中选择“对齐指令格式”，再用光标选择加工轨迹后按〈Enter〉键，自动生成的程序如图 10-10 所示。

```
tu.3b - 记事本
文件(F) 编辑(E) 格式(O) 查看(V) 帮助(H)
B   110 B  4890 B  4890 GY L3
B  5090 B     0 B  5090 GX L1
B     0 B 15100 B 15100 GY L2
B  5090 B     0 B  5090 GX L3
B     0 B 17780 B 17780 GY L2
B  2110 B     0 B  2110 GX SR2
B 20630 B     0 B 20630 GX L1
B     0 B  2110 B  2110 GY SR1
B     0 B 50900 B 50900 GY L4
B  2110 B     0 B  2110 GX SR4
B 20630 B     0 B 20630 GX L3
B     0 B  2110 B  2110 GY SR3
B     0 B 18020 B 18020 GY L2
B   110 B  4890 B  4890 GY L1
DD
第 1 行，
```

图 10-10　第一次加工程序

（5）工件加工

1）电极丝起点的确定：按照图 10-7 所示装夹校正好工件后，将电极丝从穿丝孔穿好，采用目测法观察，使电极丝在孔中心位置，且电极丝不能与孔壁接触。

2）加工参数的选择：电压为 75～85 V，电流为 2. 8～3. 5 A，脉冲宽度为 28～40 μs，脉冲间隔为 6～8 μs，走丝速度为 8～12 m/s。

（6）检验　加工完成后，用洗模水将工件清洗干净，使用千分尺和游标卡尺对零件进行尺寸检验。

2. 第二次切割

（1）工件的装夹与校正　采用垫板和压板组件进行装夹，使用百分表检查平整度，并对工件已切割面进行校正，如图 10-11 所示。

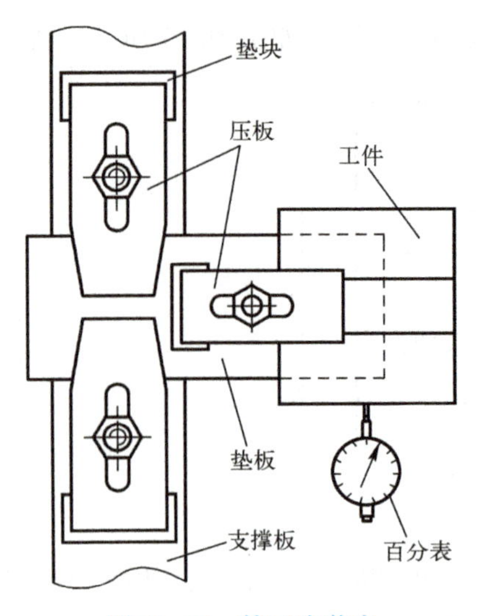

图 10-11 第二次装夹

（2）绘制零件轮廓图 在绘图时同样采用尺寸中间值，绘制如图 10-12 所示的零件轮廓。

（3）生成加工轨迹 考虑切割后的单边修光余量 0.01 mm，输入补偿值 0.11 mm，生成轨迹时选择逆时针方向切割，起始切割点为 P 点，如图 10-13 所示。

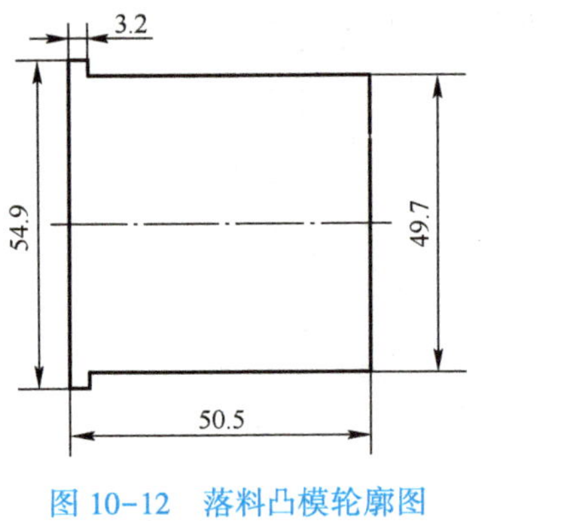

图 10-12 落料凸模轮廓图

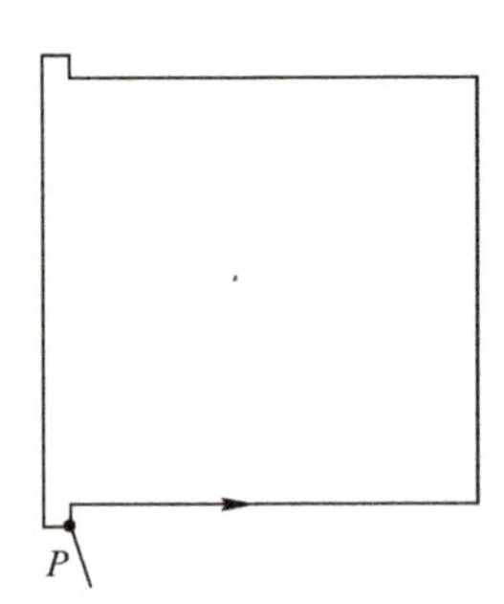

图 10-13 加工轨迹

（4）生成 3B 代码 生成的程序为封闭轨迹，需要对程序进行修改，如图 10-14 所示，保留矩形框内的程序，修改后的加工轨迹如图 10-15 所示。

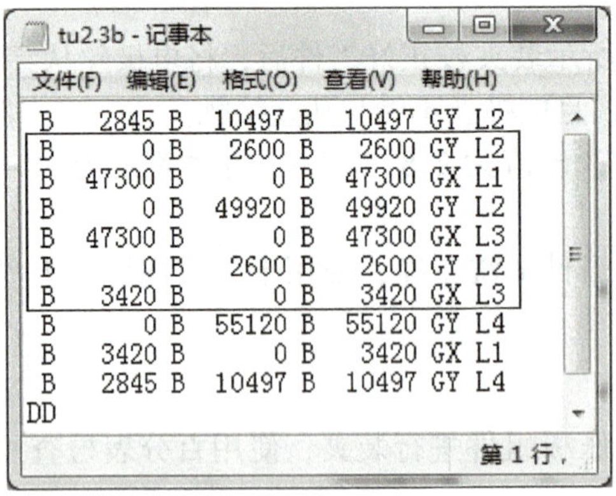

tu2.3b - 记事本

文件(F) 编辑(E) 格式(O) 查看(V) 帮助(H)

```
B  2845 B 10497 B 10497 GY L2
B     0 B  2600 B  2600 GY L2
B 47300 B     0 B 47300 GX L1
B     0 B 49920 B 49920 GY L2
B 47300 B     0 B 47300 GX L3
B     0 B  2600 B  2600 GY L2
B  3420 B     0 B  3420 GX L3
B     0 B 55120 B 55120 GY L4
B  3420 B     0 B  3420 GX L1
B  2845 B 10497 B 10497 GY L4
DD
```

第 1 行，

图 10-14 第二次加工程序

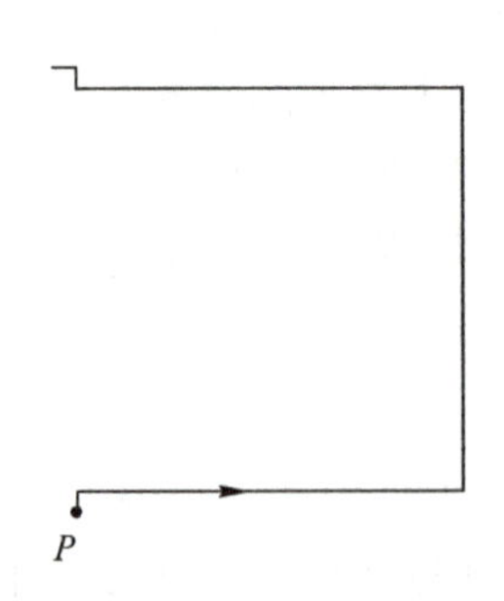

图 10-15 第二次加工轨迹

（5）工件加工

1）电极丝起点的确定：按照图 10-11 所示装夹校正好工件后，需要将电极丝定位到起始点，即图 10-16 所示的 P 点。首先将电极丝移动到点 1 处，用机床的自动靠边定位功能，使电极丝靠在工件上点 2 处，将电极丝移动到点 3 处，再移动到点 4 处，点 3 到点 4 距离为 3.27 mm，最后使用机床自动靠边定位功能，将电极丝靠在工件 P 点处。使用靠边定位前需要将工件基准面和电极丝清洗干净，并用高压气吹干，且基准面应较光洁无毛刺，为了提高靠边精度，可进行多次靠边定位操作，有操作经验的师傅也可使用火花法靠边定位。

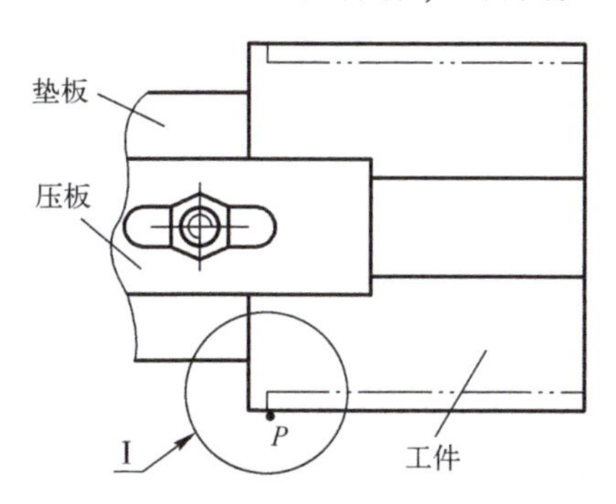

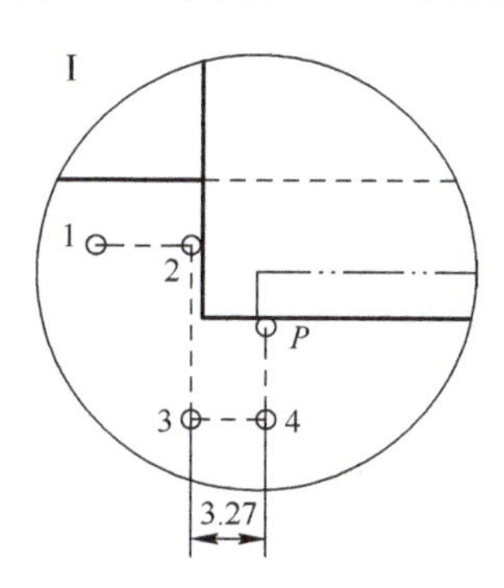

图 10-16 电极丝定位

2）加工参数的选择：电压为 75~85 V，电流为 2.5~3 A，脉冲宽度为 24~36 μs，脉冲间隔为 4~6 μs，走丝速度为 8~10 m/s。

（6）检验 加工完成后，用洗模水将工件清洗干净，对零件进行尺寸检验。

特别说明：本模具落料凸模如果设计为直通式（无挂台），用挂销或铆接等方式固定，则一次装夹，快走丝一次线切割可完成落料凸模的加工，将大大简化模具的线切割加工。另外，图示带挂台凸模也可直接采用铣削、磨削和其他方法加工，此处不再赘述。

课题 2 凹模板的线切割编程与加工实例

本课题要完成如图 10-3 所示凹模板的刃口编程与加工。

已知：材料为 Cr12MoV；热处理硬度为 60~64HRC；型孔带#尺寸以冲孔凸模配作，带*尺寸以落料凸模配作，保证双面配合间隙为 0.10 mm；模板四周棱边倒角 C0.5。

10.2.1 加工工艺路线

为了保证凹模刃口加工后保持锋利，需要在热处理硬度达到 60~64HRC 后磨削，再进行线切割加工。本书以快走丝线切割加工为例讲解，快走丝线切割加工表面粗糙度一般为 Ra1.25~2.5 μm，还需要钳工对线切割加工表面研磨加工。因漏料孔的结构和热处理硬度高，需采用电火花成形机床加工异形漏料孔。

凹模板加工工艺路线如下。

1）下料：锻件（退火状态）为 128 mm×103 mm×23 mm，材料为 Cr12MoV。

2）铣工：铣 6 面，对角尺，留加工余量 0.5 mm。

3）平磨：磨两大面留余量，磨相邻两侧面，保证平行度与垂直度要求，侧面达尺寸要求。

4）铣工：钻螺纹底孔、销钉孔、穿丝孔，并铰销孔，扩漏料孔 2×ϕ10。

5）钳工：模板四周棱边倒角 C0.5，攻螺纹 8×M8。

6）热处理：淬火、低温回火，硬度达 60~64HRC。

7）平磨：磨上下两大面达图样要求。

8）钳工：清洁穿丝孔、销钉孔、螺纹孔。

9）线切割：加工凹模板刃口，预留单边研磨余量 0.01 mm。

10）电火花：加工凹模落料的漏料孔。

11）钳工：研磨凹模刃口内壁侧面达到图样要求。

12）检验。

10.2.2 线切割主要工艺装备

1）夹具：压板组件 4 组，垫块若干。

2）辅具：活扳手。

3）电极丝：直径 0.18 mm。

4）量具：游标卡尺（分度值为 0.01 mm），带磁力表架的百分表（分度值为 0.01 mm）。

5）量仪：光学测量投影仪。

10.2.3 线切割工艺分析

由图 10-3 及技术要求可知，型孔带#尺寸以冲孔凸模配作，需要在冲孔凸模图样上找出刃口尺寸，图 10-1 所示为 $\phi8.11_{-0.02}^{0}$，按公差中值绘图编程，取 ϕ8.1。带 * 尺寸以落料凸模配作，可直接取两次切割后的落料凸模刃口轮廓，具体见图 10-2 落料凸模刃口尺寸。型孔位置尺寸按凹模板图样取公差中值。凹模与凸模双面配合间隙为 0.1 mm，只需在生成线切割轨迹图时设置偏移量即可。

为了保证凹模板上固定挡料销孔和其他型孔的位置精度，线切割加工的基准点取 $\phi6_{0}^{+0.012}$ 的挡料销孔中心。

1. 工件的装夹与校正

材料毛坯上下两大面与两相邻侧基面已磨削，采用桥式装夹方式，用百分表检查上平面平行度，并对工件侧面进行打表校正，如图 10-17 所示。双点画线为假想凹模刃口轮廓，1、2、3 为型孔的穿丝孔，*P* 为挡料销位置。

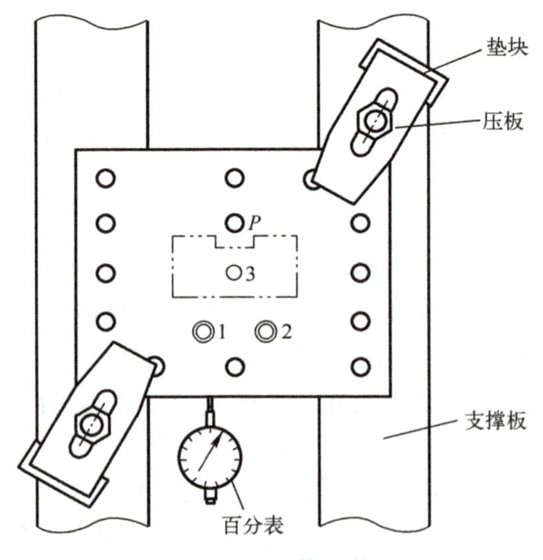

图 10-17 凹模板装夹

2. 绘制零件轮廓图

按工艺分析，绘制基准件冲孔凸模刃口和落料凸模刃口轮廓图，形状尺寸取尺寸中间值，位置尺寸按凹模板上的型孔位置尺寸绘制，如图 10-18 所示，按尺寸绘制出挡料销孔中心点 *P* 到点 1 和点 2 的垂直方向距离。1、2、3 为型孔的穿丝孔，*P* 为挡料销位置。

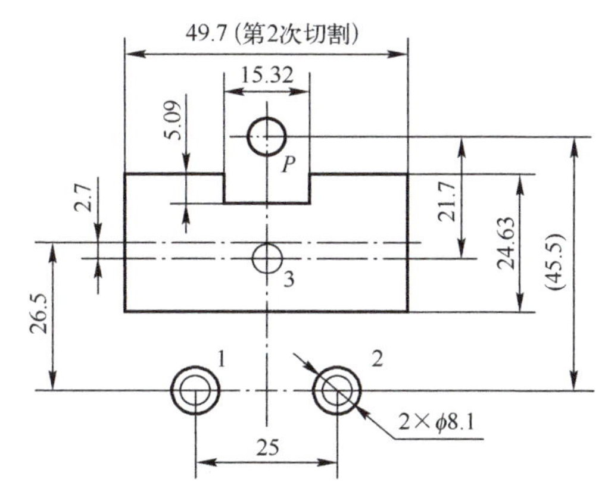

图 10-18　凹模刃口加工轮廓图

3. 生成加工轨迹

考虑加工时使用 0.18 mm 的电极丝，单边放电间隙为 0.01 mm，双面配合间隙为 0.1 mm，切割后的单边修光余量为 0.01 mm，电极丝偏移量(补偿值) = (0.18/2 + 0.01 - 0.1/2 + 0.01) mm = 0.06 mm。

使用 CAXA 线切割软件依次生成各型孔的加工轨迹，再从小孔到大孔，按 1-2-3 依次选择凹模刃口轮廓线，生成多型孔跳步模轨迹，如图 10-19 所示。

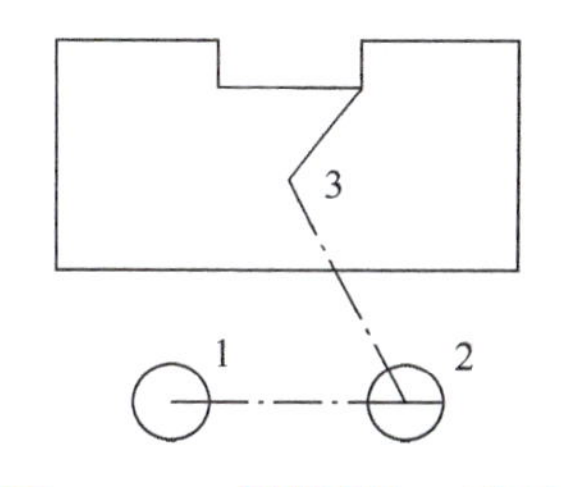

图 10-19　凹模板加工轨迹

4. 生成 3B 代码

程序如下：

```
 B    3990 B      0 B     3990 GX L1
 B    3990 B      0B     15960 GY NR1
 B    3990 B      0 B     3990 GX L3
D
 B   25000 B      0 B    25000 GX L1
D
 B    3990 B      0 B     3990 GX L1
 B    3990 B      0B     15960 GY NR1
 B    3990 B      0 B     3990 GX L3
D
 B   12500 B  23800 B    23800 GY L2
D
 B    7840 B   9865 B     9865 GY L1
 B   15440 B      0 B    15440 GX L3
 B       0 B   5090 B     5090 GY L2
 B   17190 B      0 B    17190 GX L3
 B      0B    24510 B    24510 GY L4
 B   49580 B      0 B    49580 GX L1
```

```
B       0B  24510 B   24510 GY L2
B   16950 B      0 B   16950 GX L3
B       0 B   5090 B    5090 GY L4
B    7840 B   9865 B    9865 GY L3
DD
```

说明：D为暂停码，若使用北京迪蒙卡特机床CNC2系统，则需要改成A；若使用HF深扬系统，则暂停码不需要修改。

5. 工件加工

（1）电极丝起点的确定　按照图10-17所示装夹校正好工件后，将电极丝从挡料销孔穿好，以该孔为基准，用机床自动找中心功能找到孔中心*P*点。找中心前需要将基准孔和电极丝清洗干净，并用高压气吹干，且基准面应光洁无毛刺，为了提高靠边精度，可进行多次靠边定位操作。找到*P*点后将机床坐标归零，抽掉电极丝，将机床移动到点1处（X-12.5，Y45.5），按照跳步模加工方法加工即可。

（2）加工参数的选择　电压为75~85 V，电流为2.5~3 A，脉冲宽度为24~36 μs，脉冲间隔为4~6 μs。

6. 检验

加工完成后，用洗模水将工件清洗干净，使用光学测量投影对凹模板进行尺寸检验。

课题3　凸模固定板的线切割编程与加工实例

本课题要完成如图10-4所示凸模固定板的型孔编程与加工。

已知：材料为45钢；型孔带#尺寸以冲孔凸模配作，带*尺寸以落料凸模配作，双边过盈量为0.01 mm；型孔位置尺寸与凹模板一致；模板四周棱边倒角C0.5。

10.3.1　加工工艺路线

该零件热处理硬度为24~28HRC，因此图上的沉孔和台阶可在线切割后加工。由于采用快走丝线切割加工，表面粗糙度一般为*Ra*1.25~2.5 μm，加工后还需要钳工对线切割加工表面研磨。

凸模固定板加工工艺路线如下。

1）下料：材料45钢，尺寸为127 mm×102 mm×22 mm。

2）铣工：铣6面，留加工余量0.5 mm，并使两大面和相邻两侧面垂直。

3）热处理：调质，硬度为24~28HRC。

4）平磨：磨上下两大面及相邻两侧面，达图样要求，保证平行度和垂直度。

5）铣工：钻螺纹底孔、销钉孔、穿丝孔，并铰固定板中心的穿丝孔、销钉孔。

6）钳工：攻螺纹4×M8，四周棱边倒角。

7）线切割：加工型孔，预留单边研磨余量0.01 mm。

8）铣工：铣凸模固定板背面台阶及沉孔到图样尺寸。

9）钳工：研磨线切割加工面达图样要求。

10）检验。

10.3.2 线切割主要工艺装备

1）夹具：压板组件 4 组，垫块若干。
2）辅具：活扳手。
3）电极丝：直径 0.18 mm。
4）量具：游标卡尺（分度值为 0.01 mm），带磁力表架的百分表（分度值为 0.01 mm）；
5）量仪：光学测量投影仪。

10.3.3 线切割工艺分析

由图 10-4 凸模固定板图样及技术要求可知，型孔带#尺寸以冲孔凸模固定段配作，带＊尺寸以落料凸模配作，双边过盈量为 0.01 mm，型孔位置尺寸与凹模一致。需要在图 10-1 冲孔凸模图样上找出冲孔凸模固定段直径（$\phi10^{+0.015}_{+0.006}$），在图 10-2 找出落料凸模刃口尺寸，在图 10-3 凹模板图样上找出型孔位置尺寸，固定板和凹模板的编程与加工方法相似。

1. 工件的装夹与校正

与凹模板装夹相同，采用桥式装夹方式，用百分表检查上平面平行度，并对工件侧面进行校正，参考图 10-17。

2. 绘制固定板型孔轮廓图

将图 10-18 中的冲孔凸模刃口尺寸 ϕ8.1 改为固定段尺寸 ϕ10.01，考虑公差，取公差中值。删除不需要的图形和尺寸，结果如图 10-20 所示。1、2、3 处虚线为穿丝孔。

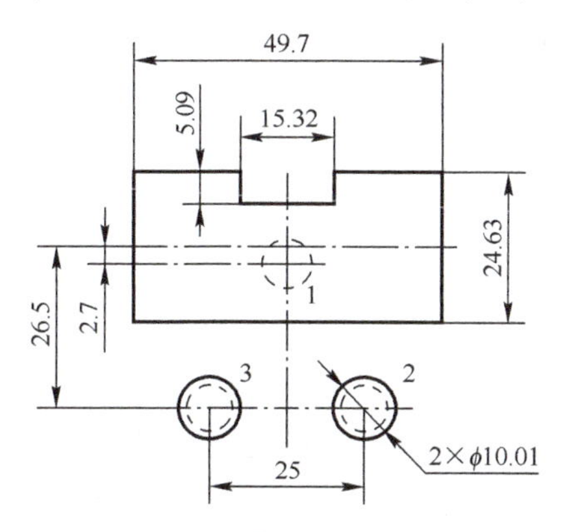

图 10-20 凸模固定板型孔轮廓

3. 生成加工轨迹

基准件补偿值为 0.1 mm，双边过盈量为 0.01 mm，切割后的单边修光余量为 0.01 mm，电极丝偏移量（补偿值）=（0.1+0.01/2+0.01）mm = 0.115 mm。

使用 CAXA 线切割软件依次生成各型孔的加工轨迹，再按 1-2-3 顺序生成跳步模轨迹，如图 10-21 所示。

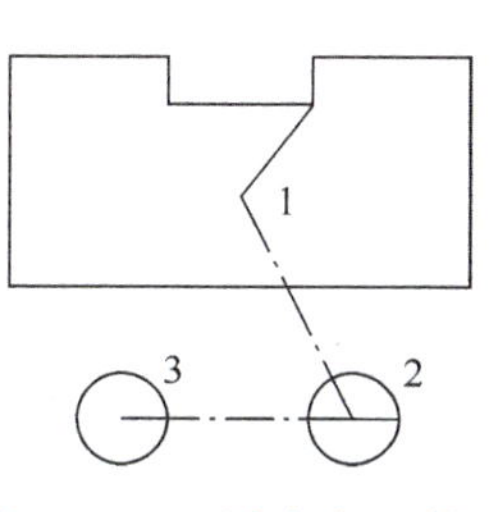

图 10-21 固定板加工轨迹

4. 生成 3B 代码

程序如下：

```
 B     7895 B     9810 B     9810 GY L1
 B    15550 B        0 B    15550 GX L3
 B        0 B     5090 B     5090 GY L2
 B    17080 B        0 B    17080 GX L3
 B        0B    24400 B    24400 GY L4
 B    49470 B        0 B    49470 GX L1
 B        0B    24400 B    24400 GY L2
 B    16840 B        0 B    16840 GX L3
 B        0 B     5090 B     5090 GY L4
 B     7895 B     9810 B     9810 GY L3
D
 B    12500 B    23800 B    23800 GY L4
D
 B     4890 B        0 B     4890 GX L1
 B     4890 B        0B   19560 GY NR1
 B     4890 B        0 B     4890 GX L3
D
 B    25000 B        0 B    25000 GX L3
D
 B     4890 B        0 B     4890 GX L1
 B     4890 B        0B   19560 GY NR1
 B     4890 B        0 B     4890 GX L3
DD
```

说明：D为暂停码，若使用北京迪蒙卡特机床CNC2系统，则需要改成A；若使用HF深扬系统，则暂停码不需要修改。

5. 工件加工

（1）电极丝起点的确定　参照图10-17所示装夹校正好工件后，将电极丝从固定板中心的穿丝孔1中穿好，使用机床自动找中心将电极丝定位在孔中心，按照跳步模加工方法加工即可。

（2）加工参数的选择　电压为75~85V，电流为2.5~3A，脉冲宽度为24~36μs，脉冲间隔为4~6μs，走丝速度为8~10m/s。

6. 检验

加工完成后，用洗模水将工件清洗干净，使用光学测量投影对凸模固定板进行尺寸检验。

课题4　卸料板的线切割编程与加工实例

本课题要完成如图10-5所示卸料板的型孔编程与加工。

已知：材料为Q235；型孔带#尺寸以冲孔凸模配作，带*尺寸以落料凸模配作，双面间隙0.16mm；型孔位置尺寸与凹模板一致；模板四周棱边倒角C0.5。

10.4.1　加工工艺路线

该零件材料为 Q235，无须热处理，该零件型孔仅用作卸料，与凸模为较大间隙配合，加工工艺较灵活。可采用快走丝线切割机床直接加工，不用留研磨量。

卸料板加工工艺路线如下。

1）下料：材料为 Q235，尺寸为 127 mm×102 mm×16 mm。

2）铣床：铣 6 面，留加工余量 0.5 mm，铣掉两侧多余材料，保证尺寸 52.2、8.2。

3）平磨：磨上下两大面保证平行度和尺寸，磨两相邻侧基面及台阶面，达到图样要求。

4）铣床：钻 4×ϕ15、ϕ12、螺纹底孔 ϕ5 以及穿丝孔，并铰卸料板中心的穿丝孔 1。

5）钳工：攻螺纹 4×M8，四周棱边倒角。

6）线切割：加工型孔到尺寸。

7）检验。

10.4.2　线切割主要工艺装备

1）夹具：压板组件 4 组，垫块若干。

2）辅具：活扳手。

3）电极丝：直径 0.18 mm。

4）量具：游标卡尺（分度值为 0.01 mm），带磁力表架的百分表（分度值为 0.01 mm）。

5）量仪：光学测量投影仪。

10.4.3　线切割工艺分析

由图 10-5 卸料板图样及技术要求可知，型孔带#尺寸以冲孔凸模配作，带 * 尺寸以落料凸模配作，双面配合间隙为 0.16 mm，型孔位置尺寸与凹模一致。需要在图 10-1 冲孔凸模图样上找出冲孔凸模直径（$\phi 8.11_{-0.02}^{\ 0}$），在图 10-2 上找出落料凸模刃口尺寸，在图 10-3 凹模板图样上找出型孔位置尺寸，卸料板和凹模板的编程与加工方法相似。

1. 工件的装夹与校正

与凹模板装夹相同，采用桥式装夹方式，用百分表检查上平面平行度，并对工件侧面进行校正，参考图 10-17。

2. 绘制零件轮廓图

编程需要冲孔凸模刃口轮廓和落料凸模刃口轮廓，为了方便直接调用图 10-18 凹模刃口加工轮廓图即可。

3. 生成加工轨迹

考虑基准件补偿值为 0.1 mm，双面配合间隙为 0.16 mm，补偿值=0.1- 0.16/2 mm=0.02 mm。使用 CAXA 线切割软件生成跳步模轨迹，如图 10-22 所示。

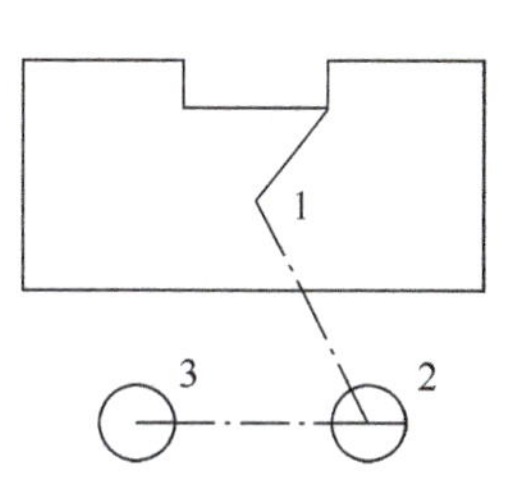

图 10-22　卸料板加工轨迹

4. 生成 3B 代码

程序如下：

```
B    7800 B    9905 B    9905 GY L1
B       0 B    5090 B    5090 GY L2
B   17030 B       0 B   17030 GX L1
B       0B    24590 B   24590 GY L4
B   49660 B       0 B   49660 GX L3
B       0B    24590 B   24590 GY L2
B   17270 B       0 B   17270 GX L1
B       0 B    5090 B    5090 GY L4
B   15360 B       0 B   15360 GX L1
B    7800 B    9905 B    9905 GY L3
D
B   12500 B   23800 B   23800 GY L4
D
B    4030 B       0 B    4030 GX L1
B    4030 B       0B  16120 GY NR1
B    4030 B       0 B    4030 GX L3
D
B   25000 B       0 B   25000 GX L3
D
B    4030 B       0 B    4030 GX L1
B    4030 B       0B  16120 GY NR1
B    4030 B       0 B    4030 GX L3
```

说明：D为暂停码，若使用北京迪蒙卡特机床CNC2系统，则需要改成A；若使用HF深扬系统，则暂停码不需要修改。

5. 工件加工

（1）电极丝起点的确定　按照图10-17所示装夹校正好工件后，将电极丝在卸料板中心的穿丝孔1穿好，使用机床自动找中心将电极丝定位在孔中心，按照跳步模加工方法加工即可。

（2）加工参数的选择　电压为75~85V，电流为2.5~3A，脉冲宽度为24~36μs，脉冲间隔为4~6μs，走丝速度为8~10m/s。

6. 检验

加工完成后，用洗模水将工件清洗干净，使用光学测量投影对卸料板进行尺寸检验。

思考与练习

1. 零件加工时，如何进行电极丝自动靠边定位？
2. 如何提高自动对中心精度？
3. 模具零件加工时，如何根据不同的配合关系，计算轨迹偏移量？
4. 以上模具零件，如果采用慢走丝切割，线切割工艺是否相同？

附　录

附录 A　线切割工考试大纲

一、报考条件

1. 具备下列条件之一的，可申请报考初级工：
（1）在同一职业（工种）连续工作两年以上或累计工作四年以上的；
（2）经过初级工培训结业。
2. 具备下列条件之一的，可申请报考中级工：
（1）取得所申报职业（工种）的初级工等级证书满三年；
（2）取得所申报职业（工种）的初级工等级证书并经过中级工培训结业；
（3）高等院校、中等专业学校毕业并从事与所学专业相应的职业（工种）工作。
3. 具备下列条件之一的，可申请报考高级工：
（1）取得所申报职业（工种）的中级工等级证书满四年；
（2）取得所申报职业（工种）的中级工等级证书并经过高级工培训结业；
（3）高等院校毕业并取得所申报职业（工种）的中级工等级证书。

二、考核大纲

（一）基本要求

1　职业道德
1.1　职业道德基本知识
1.2　职业守则
（1）遵守法律、法规和有关规定。
（2）爱岗敬业，具有高度的责任心。
（3）严格执行工作程序、工作规范、工艺文件和安全操作规程。
（4）工作认真负责，团结合作。
（5）爱护设备及工具、夹具、刀具、量具。
（6）着装整洁，符合规定；保持工作环境清洁有序，文明生产。
2　基础知识
2.1　基础理论知识
（1）识图知识。
（2）公差与配合。
（3）常用金属材料及热处理知识。
（4）常用非金属材料知识。

(5) 计算机应用知识。

2.2 机械加工基础知识

(1) 机械传动知识。

(2) 机械加工常用设备知识（分类、用途）。

(3) 金属切削常用刀具知识。

(4) 设备润滑及切削液的使用知识。

(5) 气动及液压知识。

(6) 工具、夹具、量具使用与维护知识。

2.3 钳工基础知识

(1) 划线知识。

(2) 钳工操作知识。

2.4 电工知识

(1) 通用设备常用电器的种类及用途。

(2) 电力拖动及控制原理基础知识。

(3) 安全用电知识。

2.5 安全文明生产与环境保护知识

(1) 现场文明生产要求。

(2) 安全操作与劳动保护知识。

(3) 环境保护知识。

2.6 质量管理知识

(1) 企业的质量方针。

(2) 岗位的质量要求。

(3) 岗位的质量保证措施与责任。

2.7 相关法律、法规知识

(1)《劳动法》相关知识。

(2)《民法典》中与合同相关的知识。

（二）各等级要求

本标准对初级、中级、高级的技能要求依次递进，高级别包括低级别的要求。

1. 初级

理论知识鉴定内容：

项目	鉴定范围	鉴定内容	比重	备注
基本知识	1. 识图知识	(1) 正投影的基本原理 (2) 简单零件的剖视图的表达方法 (3) 常用简单零件的规定画法及代号标注方法 (4) 简单装配图的识读知识	5%	
	2. 量具、公差配合知识	(1) 千分尺、游标卡尺、指示表等量具的使用方法 (2) 公差配合、几何公差和表面粗糙度的基本知识	5%	
	3. 金属材料及热处理知识	(1) 常用材料的种类、牌号、力学性能、切削性能 (2) 热处理的基本知识	6%	

（续）

项目	鉴定范围	鉴定内容	比重	备注
基本知识	4. 电工知识	电工的基本知识	8%	
	5. 钳工知识	（1）划线的基本知识 （2）锉削的基本知识 （3）模具的基本知识	6%	
	6. 机械加工工艺知识	（1）金属切削基本知识 （2）车削加工的基本知识 （3）铣削加工的基本知识 （4）磨削加工的基本知识 （5）其他加工方法 （6）工件定位与装夹的基本知识	10%	
	7. 计算机知识	（1）计算机的基本知识与操作 （2）计算机绘图软件的基本应用	4%	
	8. 数学知识	（1）代数知识 （2）几何知识 （3）其他	2%	
专业知识	1. 数控线切割加工基本知识	（1）电加工机床的种类、名称、性能、结构和一般传动关系 （2）电切削加工的基本原理和主要名词术语 （3）机床的润滑、冷却的基本知识	16%	
	2. 电极丝相关知识	（1）常用电极丝材料的种类、名称、规格、性能和用途 （2）电极丝的安装调试知识	8%	
	3. 数控线切割加工知识	（1）常用数控线切割加工方法 （2）根据加工对象合理选择加工参数 （3）3B代码和G代码的编程及数据传送 （4）数控线切割机床的使用规则及维护保养方法 （5）及时发现并处理机床常见故障	18%	
其他相关知识	1. 安全知识	（1）数控线切割机床设备的安全用电知识 （2）数控线切割加工设备的安全操作知识 （3）数控线切割机床的计算机安全使用 （4）执行安全技术规程，做到岗位责任制和文明生产的各项要求 （5）了解产品质量管理 （6）了解环境保护的方法	8%	
	2. 机械知识	（1）标准件知识 （2）机械传动知识 （3）机械联接知识 （4）液压传动知识 （5）其他	4%	

实际操作鉴定内容：

项目	鉴定范围	鉴定内容	比重	备注
线切割加工准备	1. 加工穿丝孔	根据需要加工穿丝孔	5%	
	2. 工件装夹	能正确装夹工件	5%	
	3. 电极丝的装夹	能正确装夹、校正电极丝	10%	
线切割加工	加工简单的冲模类零件	能够加工简单的冲模类零件，表面粗糙度为 $Ra6.3\mu m$，公差等级为IT8	70%	
其他	1. 工具的使用与维护	（1）常用工具的合理使用与保养 （2）正确使用夹具	5%	
	2. 设备保养	（1）正确操作设备，并及时发现一般故障 （2）自用机床的润滑 （3）机床的保养工作	5%	
	3. 安全文明操作	（1）用电安全 （2）安全操作机床 （3）文明操作机床，注意环境保护	一般安全事故扣5～10分，重大安全事故可以取消考试资格	

2. 中级

理论知识鉴定内容：

项目	鉴定范围	鉴定内容	比重	备注
基本知识	1. 识图知识	（1）机械制图的基本原理 （2）中等复杂零件的剖视图的表达方法 （3）常用中等复杂零件的规定画法及代号标注方法 （4）中等装配图的识读知识	5%	
	2. 量具、公差配合知识	（1）量具的基本理论及使用方法 （2）公差配合、几何公差和表面粗糙度的基本知识	5%	
	3. 金属材料及热处理知识	（1）材料的种类、牌号、力学性能、切削性能 （2）热处理的知识	6%	
	4. 电工知识	电工知识	8%	
	5. 钳工知识	（1）划线知识 （2）锉削知识 （3）模具知识	6%	
	6. 机械加工工艺知识	（1）金属切削知识 （2）车削加工知识 （3）铣削加工知识 （4）磨削加工知识 （5）其他加工方法 （6）工件定位与装夹的知识	10%	
	7. 计算机知识	（1）计算机的知识与操作 （2）计算机绘图软件应用	4%	
	8. 数学知识	（1）代数知识 （2）几何知识 （3）其他	2%	

（续）

项目	鉴定范围	鉴定内容	比重	备注
专业知识	1. 数控线切割加工基本知识	（1）电加工机床中比较复杂的传动关系 （2）电切削加工的原理和术语 （3）机床的润滑、冷却知识	16%	
	2. 电极丝相关知识	（1）电极丝材料的种类、名称、规格、性能和用途 （2）电极丝的安装、调试知识	8%	
	3. 数控线切割加工知识	（1）数控线切割加工方法 （2）根据加工对象合理选择加工参数 （3）复杂零件的3B代码和G代码的编程 （4）数控线切割机床的使用规则及维护保养方法 （5）及时发现并处理机床常见故障	18%	
其他相关知识	1. 安全知识	（1）数控线切割机床设备的安全用电知识 （2）数控线切割加工设备的安全操作知识 （3）数控线切割机床的计算机安全使用 （4）执行安全技术规程，做到岗位责任制和文明生产的各项要求 （5）了解产品质量管理 （6）了解环境保护的方法	8%	
	2. 机械知识	（1）标准件知识 （2）机械传动知识 （3）机械联接知识 （4）液压传动知识 （5）其他	4%	

实际操作鉴定内容：

项目	鉴定范围	鉴定内容	比重	备注
线切割加工准备	1. 加工穿丝孔	根据需要加工穿丝孔	5%	
	2. 工件装夹	能正确装夹工件	5%	
	3. 电极丝的装夹	能正确装夹、校正电极丝	10%	
线切割加工	加工中等复杂的冲模类零件	能够加工中等复杂的冲模类零件，表面粗糙度为 $Ra1.6\mu m$，公差等级为IT7	70%	
其他	1. 工具的使用与维护	（1）常用工具的合理使用与保养 （2）正确使用夹具	5%	
	2. 设备保养	（1）正确操作设备，并及时发现一般故障 （2）自用机床的润滑 （3）机床的保养工作	5%	
	3. 安全文明操作	（1）用电安全 （2）安全操作机床 （3）文明操作机床，注意环境保护	一般安全事故扣5～10分，重大安全事故可以取消考试资格	

附录B 电火花机操作工考试大纲

一、报考条件

1. 具备下列条件之一的，可申请报考初级工：
(1) 在同一职业（工种）连续工作两年以上或累计工作四年以上的；
(2) 经过初级工培训结业。
2. 具备下列条件之一的，可申请报考中级工：
(1) 取得所申报职业（工种）的初级工等级证书满三年；
(2) 取得所申报职业（工种）的初级工等级证书并经过中级工培训结业；
(3) 高等院校、中等专业学校毕业并从事与所学专业相应的职业（工种）工作。
3. 具备下列条件之一的，可申请报考高级工：
(1) 取得所申报职业（工种）的中级工等级证书满四年；
(2) 取得所申报职业（工种）的中级工等级证书并经过高级工培训结业；
(3) 高等院校毕业并取得所申报职业（工种）的中级工等级证书。

二、考核大纲

（一）基本要求

1 职业道德
1.1 职业道德基本知识
1.2 职业守则
(1) 遵守法律、法规和有关规定。
(2) 爱岗敬业，具有高度的责任心。
(3) 严格执行工作程序、工作规范、工艺文件和安全操作规程。
(4) 工作认真负责，团结合作。
(5) 爱护设备及工具、夹具、刀具、量具。
(6) 着装整洁，符合规定；保持工作环境清洁有序，文明生产。
2 基础知识
2.1 基础理论知识
(1) 识图知识。
(2) 公差与配合。
(3) 常用金属材料及热处理知识。
(4) 计算机应用知识。
2.2 机械加工基础知识
(1) 机械传动知识。
(2) 机械加工常用设备知识（分类、用途）。
(3) 金属切削常用刀具知识。
(4) 设备润滑及切削液的使用知识。
(5) 液压知识。
(6) 工具、夹具、量具使用与维护知识。

2.3 钳工基础知识

(1) 划线知识。

(2) 攻螺纹和套扣知识。

2.4 电工知识

(1) 通用设备常用电器的种类及用途。

(2) 电力拖动及控制原理基础知识。

(3) 安全用电知识。

2.5 安全文明生产与环境保护知识

(1) 现场文明生产要求。

(2) 安全操作与劳动保护知识。

(3) 防火知识。

(4) 环境保护知识。

2.6 质量管理知识

(1) 企业的质量方针。

(2) 岗位的质量要求。

(3) 岗位的质量保证措施与责任。

2.7 相关法律、法规知识

(1)《劳动法》相关知识。

(2)《民法典》中与合同相关的知识。

(二) 各等级要求

本标准对初级、中级的技能要求依次递进，高级别包括低级别的要求。

1. 初级

理论知识鉴定内容：

项目	鉴定范围	鉴定内容	比重	备注
基本知识	1. 识图知识	(1) 正投影的基本原理 (2) 简单零件剖视图（剖面）的表达方法 (3) 常用零件的规定画法及代号标注方法 (4) 简单装配图的识读知识	9%	
	2. 量具、公差与配合知识	(1) 千分尺、游标卡尺、指示表等常用量具的使用方法 (2) 公差配合、几何公差和表面粗糙度有关知识	7%	
	3. 金属材料及热处理知识	(1) 金属材料的种类、牌号、力学性能、切削性能 (2) 热处理相关知识	6%	
	4. 电工常识	(1) 电工的基本知识（如电流、电阻、电容等的计算，掌握万用电表的用法） (2) 安全用电常识	18%	
	5. 钳工知识	(1) 划线相关知识 (2) 攻螺纹、套扣相关知识	4%	
	6. 机械加工工艺知识	(1) 车削加工的相关知识 (2) 铣削加工的相关知识 (3) 磨削加工的相关知识 (4) 工件定位与装夹的相关知识	18%	
	7. 计算机知识	计算机的基本操作	2%	

（续）

项目	鉴定范围	鉴定内容	比重	备注
专业知识	1. 电火花加工基本知识	（1）电火花机床的名称、型号、性能、结构和一般传动关系 （2）电火花加工原理和主要名词术语 （3）工作液的作用和配置方法 （4）机床的润滑系统、使用规则	8%	
	2. 电极相关知识	（1）常用的电极材料及其性能特点知识 （2）电极的安装、校正和定位找正基本知识 （3）电极的制造知识	7%	
	3. 电火花加工知识	（1）常用的电火花加工方法 （2）根据加工对象合理选择加工参数，正确调节平动量 （3）及时发现并处理机床常见故障	19%	
其他相关知识	安全知识	（1）电火花加工设备的安全用电 （2）电火花加工设备的安全操作 （3）电火花加工设备使用的计算机安全 （4）执行安全技术规程，做到岗位责任制和文明生产的各项要求 （5）了解产品质量管理 （6）了解环境保护的方法	2%	

实际操作鉴定内容：

项目	鉴定范围	鉴定内容	比重	备注
电火花加工准备	1. 工件装夹	能正确装夹工件	5%	
	2. 电极的装夹	能正确装夹、校正电极	10%	
	3. 电极的定位	能正确将电极定位于要加工工件上	5%	
电火花加工	加工形状简单通孔状零件	加工形状简单的零件，表面粗糙度为 $Ra3.2\ \mu m$，公差等级为 IT8	70%	
其他	1. 工具的使用与维护	（1）常用工具的合理使用与保养 （2）正确使用夹具	5%	
	2. 设备保养	（1）正确操作设备，并及时发现一般故障 （2）自用机床的润滑 （3）机床的保养工作	5%	
	3. 安全文明操作	（1）用电安全 （2）安全操作机床 （3）文明操作机床，注意环境保护	一般安全事故扣5～10分，重大安全事故可以取消考试资格	

2. 中级

理论知识鉴定内容：

项目	鉴定范围	鉴定内容	比重	备注
基本知识	1. 识图知识	（1）能够读懂中等复杂程度的零件图 （2）简单模具装配图的识读知识	17%	
	2. 量具、公差与配合知识	（1）常用较复杂量具的使用方法 （2）公差配合、几何公差和表面粗糙度有关知识	7%	
	3. 金属材料及热处理知识	（1）金属材料的种类、牌号、力学性能、切削性能 （2）热处理相关知识	6%	
	4. 电工常识	（1）常用电器图形符号的识别 （2）简单直流电路的计算 （3）数字电流基本知识	17%	
	5. 液压传动知识	（1）液压传动的基本原理及基本组成部分 （2）液压传动的常见泵、液压缸、阀	9%	
基本知识	6. 模具加工的一般知识	（1）冷冲模具、塑料模具的分类及应用 （2）一般冷冲模的主要结构和加工工艺 （3）一般注塑模具的主要结构	9%	
	7. 计算机知识	计算机的基本操作（Windows 的基本操作）	2%	
专业知识	1. 电火花加工基本知识	（1）电火花成形机床精度的检验方法 （2）产品不合格的原因及预防方法 （3）常用电火花成形机床的性能、结构、主轴头、平动头、工作台的具体构造、使用方法 （4）电火花成形机床常用电气、电子元件的型号、性能、用途和作用原理 （5）脉冲电源的工作原理	8%	
	2. 电极相关知识	（1）电极材料及其性能特点知识 （2）电极的安装、校正和定位知识 （3）简单电极的设计与制造知识	6%	
	3. 电火花加工知识	（1）常用的电火花加工方法 （2）根据加工对象合理选择加工参数，正确调节平动量 （3）能正确分析哪些模具该采用电火花加工的知识 （4）能够用 ISO 代码编制简单的电火花加工程序 （5）及时发现并处理机床一般故障	17%	
其他相关知识	安全知识	（1）电火花加工设备的安全用电 （2）电火花加工设备的安全操作 （3）电火花加工设备使用的计算机安全 （4）执行安全技术规程，做到岗位责任制和文明生产的各项要求 （5）了解产品质量管理 （6）了解环境保护的方法	2%	

实际操作鉴定内容：

项目	鉴定范围	教学内容	比重	备注
电火花加工准备	1. 工件装夹	能正确装夹工件	5%	
	2. 电极的装夹	能正确装夹、校正电极	10%	
	3. 电极的定位	能正确将电极定位于要加工工件上	5%	

（续）

项目	鉴定范围	教学内容	比重	备注
电火花加工	加工形状简单型腔类零件	加工形状简单的型腔类零件，表面粗糙度为 $Ra1.6\mu m$，公差等级为IT8	70%	
其他	1. 工具的使用与维护	（1）常用工具的合理使用与保养 （2）正确使用夹具	5%	
	2. 设备保养	（1）正确操作设备，并及时发现一般故障 （2）自用机床的润滑 （3）机床的保养工作	5%	
	3. 安全文明操作	（1）用电安全 （2）安全操作机床 （3）文明操作机床，注意环境保护	一般安全事故扣5~10分，重大安全事故可以取消考试资格	

附录C 5S管理评分标准

5S	类别	细则	扣分标准	实际扣分
整理	实训场地	1. 现场物品是否归类放置	−2	
		2. 工具柜等是否正确使用与整理	−2	
		3. 工具架等是否正确使用与整理	−2	
		4. 材料、工件、废料是否放置合理	−2	
		5. 机床有无摆放不必要的物品	−2	
		6. 工具、工件等是否放置牢靠	−2	
	机房	1. 是否将不要的物品丢弃	−2	
		2. 下班时桌面、凳子是否整理干净	−2	
整顿	实训场地	1. 机器设备是否正确使用	−5	
		2. 夹具、计测器、工具等是否正确使用，摆放整齐	−4	
		3. 水杯、私人用品及衣物等是否放置在指定位置	−2	
		4. 资料、操作记录是否放置在指定位置	−2	
		5. 工具车是否放置在指定位置	−2	
		6. 润滑油等用品是否放置在指定位置	−2	
		7. 抹布、手套、扫把、安全帽等是否摆放在指定位置	−2	
		8. 是否违犯设备安全操作规程	−5	
	机房	桌面、主机箱是否摆放整齐	−2	
清扫	实训场地	1. 是否清理擦拭机器设备、工作台、工具柜、门、窗等	−2	
		2. 地上、工作区域的油污是否清理	−2	
		3. 量具、刀具、刀柄等是否擦拭	−2	
		4. 是否用正确方式清扫设备	−2	
	机房	1. 地面有无垃圾，是否干净	−2	
		2. 大扫除时窗户、玻璃是否干净，有无脏点和悬挂物	−2	
		3. 桌面柜子是否有灰尘	−2	

（续）

5S	类别	细则	扣分标准	实际扣分
清洁	实训场地	1. 地面有无垃圾、纸屑、烟蒂、塑胶袋、破布等	−2	
		2. 机器设备、工作台、工具柜、门、窗等是否清理干净	−2	
		3. 地面、工作区域的油污等是否清理干净	−2	
		4. 量具、刀具、刀柄等是否擦拭干净，是否进行防锈处理	−2	
		5. 饮水机是否保持干净，是否及时换水	−2	
素养	实训场地	1. 工作态度是否良好（有无谈天、说笑、离岗、玩手机、看小说、打瞌睡、吃东西等）	−5	
		2. 是否按规范着装	−2	
		3. 是否服从安排、接受监督	−2	
		4. 是否文明用语、举止得当	−2	
		5. 使用公物时，是否能够确实归位，并保持清洁（如凳子、鼠标等）	−2	
		6. 是否遵守作息时间（迟到、早退、旷课）	−4	
		7. 整个实训过程中是否具有独立完成项目的能力	−4	

附录 D 线切割工理论知识测试题

班级__________学号______________姓名__________

一、判断题（正确的填“√”，错误的填“×”）

1. 利用电火花线切割机床不仅可以加工导电材料，还可以加工不导电材料。（　　）

2. 如果线切割单边放电间隙为 0.01 mm，电极丝直径为 0.18 mm，则加工圆孔时电极丝补偿量为 0.19 mm。（　　）

3. 目前我国主要生产的电火花线切割机床是慢走丝电火花线切割机床。（　　）

4. 在线切割加工中，当电压表、电流表的表针稳定不动，此时进给速度均匀、平稳，是线切割加工速度和表面粗糙度均好的最佳状态。（　　）

5. 线切割机床通常分为两大类，一类是快走丝机床，另一类是慢走丝机床。（　　）

6. 在电火花线切割加工过程中，可以不使用工作液。（　　）

7. 线切割加工中工件几乎不受力，所以加工中工件不需要夹紧。（　　）

8. 线切割加工中应用较普遍的工作液是乳化液，其成分和磨床使用的乳化液成分相同。（　　）

9. 电火花线切割中在加工厚度较大的工件时，脉冲宽度应选择较小值。（　　）

10. 电火花线切割编程时，起始切割点尽量选在交点处，避免产生切入痕迹。（　　）

二、填空题

1. 电极丝的进给速度大于材料的蚀除速度，致使电极丝与工件接触，不能正常放电，称为__________。

2. 线切割加工中常用的电极丝有__________、__________、__________。其中__________和__________应用在快走丝线切割机床上。

3. 数控电火花线切割机床加工时的偏移量与__________和__________有关，计算式为__________。

4. 数控线切割机床 U、V 移动工作台，是具有__________和__________加工功能的电火花线切割机床的一个组成部分。

5. 数控线切割机床操作中，换下的废丝应放在规定的容器内，防止混入电器设备或运动部件中，引起电器__________和__________等事故。

三、选择题（不定项）

1. 利用3B代码编程加工半圆 AB，切割方向从 A 到 B，起点坐标 $A(-5,0)$，终点坐标 $B(5,0)$，其加工程序为（ ）。

A. B5000 B B10000 GX SR2　　B. B5 B B10000 GY SR2

C. B5000 B B10000 GY SR2　　D. B B5000 B10000 GY SR2

2. 电火花线切割加工过程中，工作液必须具有的性能有（ ）。

A. 绝缘性能　B. 洗涤性能　C. 冷却性能　D. 防锈性能

3. 不能使用电火花线切割加工的材料为（ ）。

A. 铜　B. 铝　C. 硬质合金　D. 大理石

4. 电火花线切割加工的特点有（ ）。

A. 需考虑电极丝损耗　　B. 不能加工精密细小、形状复杂的工件

C. 不需要制造电极　　D. 不能加工不通孔类和阶梯形面类工件

5. 电火花线切割加工的对象有（ ）。

A. 任何硬度、高熔点包括经热处理的钢和合金

B. 冷冲模中的型孔

C. 阶梯孔、阶梯轴

D. 塑料模中的型腔

6. 若线切割机床的单边放电间隙为0.02 mm，钼丝直径为0.18 mm，则加工圆孔时的补偿量为（ ）。

A. 0.10 mm　　B. 0.11 mm

C. 0.20 mm　　D. 0.21 mm

7. 用线切割机床不能加工的形状或材料为（ ）。

A. 不通孔　　B. 圆孔

C. 上下异形件　　D. 淬火钢

8. 线切割加工程序编制时，下列计数方向的说法正确的有（ ）。

A. 斜线终点坐标 (X_e,Y_e) 当 $|Y_e|>|X_e|$ 时，计数方向取GY

B. 斜线终点坐标 (X_e,Y_e) 当 $|X_e|>|Y_e|$ 时，计数方向取GY

C. 圆弧终点坐标 (X_e,Y_e) 当 $|X_e|>|Y_e|$ 时，计数方向取GY

D. 圆弧终点坐标 (X_e,Y_e) 当 $|X_e|<|Y_e|$ 时，计数方向取GY

9. 数控电火花快走丝线切割加工时，所选用的工作液和电极丝分别为（ ）。

A. 纯水、钼丝　　B. 机油、黄铜丝

C. 乳化液、钼丝　　D. 去离子水、黄铜丝

10. 线切割加工编程时，计数长度应（ ）。

A. 以μm为单位　　B. 以mm为单位

C. 以m为单位　　D. 以上答案都对

四、简答题

1. 什么是电火花加工？它分为哪几类？

2. 电火花线切割加工的主要应用范围是什么？

3. 电火花线切割加工用的工作液应具备哪几方面的要求？

五、问答题

1. 影响加工表面粗糙度的主要因素有哪些？解决办法是什么？

2. 在加工过程中，若常出现短路现象，则造成短路的原因主要有哪几种？对应的排除办法是什么？

六、编程题

1. 在图 1 所示零件材料上切割凸模，编写凸模程序（已知：切割方向为顺时针方向，在图上标出引入线、引出线的正确位置，并编入程序，引线长 4 mm，不考虑补偿量）。

2. 编写图 2 所示的凹模程序（考虑补偿量，不加引入线、引出线）。已知：电极丝直径 $d=0.18$ mm，单边放电间隙 $Z=0.01$ mm，起始切割点为 A 点，沿顺时针方向切割。

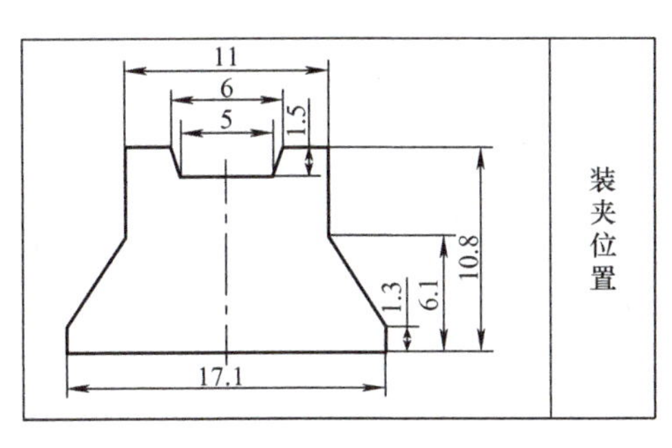

图 1　切割凸模材料

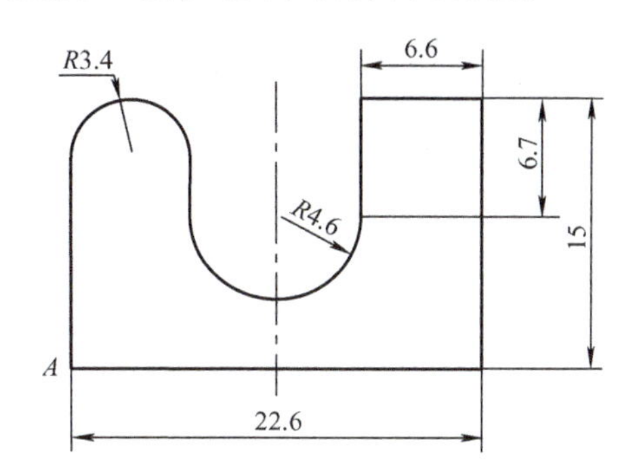

图 2　凹模型孔图

3. 在图 3 所示零件材料上切割凸模，编写凸模程序；材料夹持位置如图所示，在图上标出引入线、引出线的正确位置和切割方向，并编引入、引出程序，引线长 3 mm。不考虑补偿量。

4. 编写图 4 所示的凸模程序（考虑补偿量，加 5 mm 引入线、引出线）。已知：电极丝直径 $d=0.18$ mm，单边放电间隙 $Z=0.01$ mm，起始切割点为 A 点，沿逆时针方向切割。

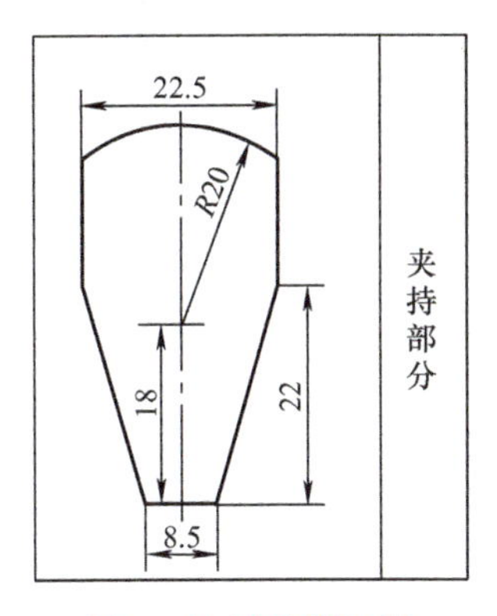

图 3　切割凸模材料

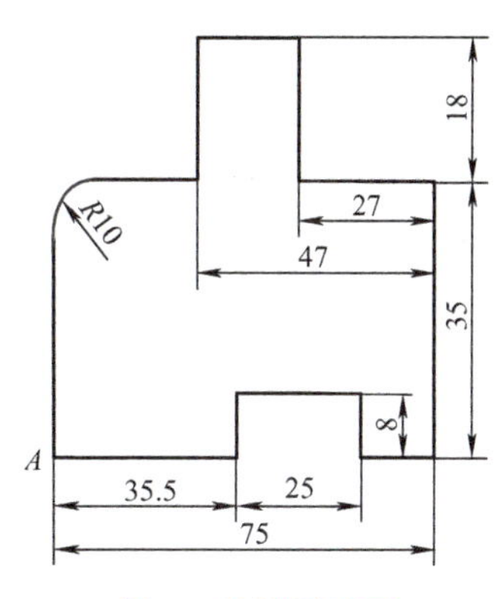

图 4　凸模零件图

附录E 线切割工技能测试题

测试1

要求：

1）按图5所示尺寸加工凸模零件。

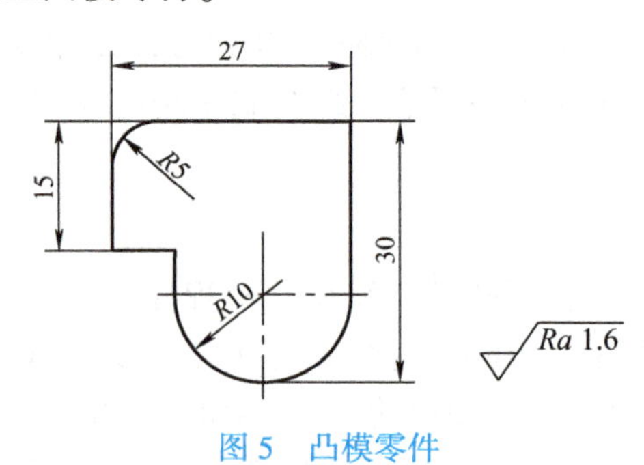

图5 凸模零件

2）工件周边表面粗糙度为 $Ra1.6\ \mu m$。

3）备料尺寸为50 mm×40 mm×5 mm，材料为45钢。

考试时间：150 min。

考核内容及评分标准：

序号	项目	配分	检测标准	检测结果	得分
1	程序编制	40	图形正确（15分） 工艺路线正确（5分） 偏移量正确（10分） 程序正确（10分）		
2	27 mm	7	超差0.01 mm不得分		
3	30 mm	7	超差0.02 mm不得分		
4	15 mm	7	超差0.01 mm不得分		
5	$R10$ mm	4	超差0.02 mm不得分		
6	$Ra1.6\ \mu m$（7处）	7	降级不得分		
7	工件装夹	5	错误不得分		
8	电极丝定位	5	错误不得分		
9	安全文明生产	10	视情节扣分		
10	线切割加工是否可以加工任何材料	4	视回答情况得分		
11	线切割机床按走丝速度分类，可分为哪两类	4	视回答情况得分		

测试2

要求：

1）按图6所示尺寸加工凹模零件。

2）工件周边表面粗糙度为 $Ra1.6\ \mu m$。

3）备料尺寸为65 mm×35 mm×5 mm，材料为45钢。

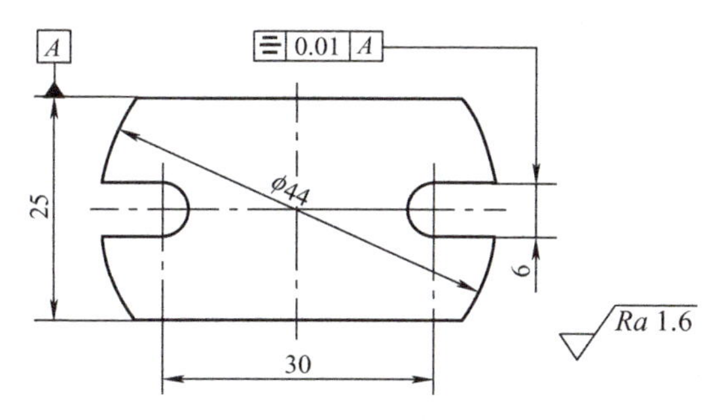

图 6　凹模零件

考试时间：150 min。
考核内容及评分标准：

序　号	项　　目	配　分	检 测 标 准	检 测 结 果	得　分
1	程序编制	40	图形正确（15 分） 工艺路线正确（5 分） 偏移量正确（10 分） 程序正确（10 分）		
2	25 mm	5	超差 0. 02 mm 不得分		
3	6 mm	5	超差 0. 02 mm 不得分		
4	ϕ44 mm	5	超差 0. 01 mm 不得分		
5	30 mm	5	超差 0. 02 mm 不得分		
6	对称度	5	超差不得分		
7	*Ra*1. 6 μm（12 处）	12	降级不得分		
8	穿丝、抽丝	5	错误不得分		
9	电极丝定位	5	错误不得分		
10	安全文明生产	8	视情节扣分		
11	线切割机床按走丝速度分类，可分为哪两类	5	视回答情况得分		

测试 3
要求：
1）按图 7 所示尺寸加工零件的内孔和外形。

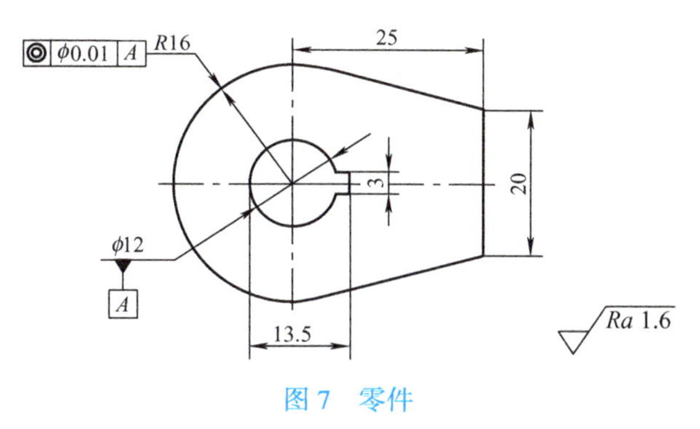

图 7　零件

2）工件加工表面的表面粗糙度为 $Ra1.6\ \mu m$。

3）备料尺寸为 60 mm×40 mm×5 mm，材料为 45 钢。

考试时间：180 min。

考核内容及评分标准：

序　号	项　　目	配　分	检测标准	检测结果	得　分
1	程序编制	40	图形正确（15分） 工艺路线正确（5分） 偏移量正确（10分） 程序正确（10分）		
2	ϕ12 mm	6	超差 0.01 mm 不得分		
3	R16 mm	5	超差 0.01 mm 不得分		
4	同轴度	5	超差不得分		
5	13.5 mm	4	超差 0.02 mm 不得分		
6	3 mm	5	超差 0.02 mm 不得分		
7	25 mm	4	超差 0.02 mm 不得分		
8	$Ra1.6\ \mu m$（8处）	8	降级不得分		
9	工件装夹	5	错误不得分		
10	电极丝定位	5	错误不得分		
11	穿丝、抽丝	5	视情节扣分		
12	安全文明生产	8	视情节扣分		

测试 4

要求：

1）以凹模为基准（轮廓见图 8），凸模为配合件，双边配合间隙为 0.1 mm，加工配合件。

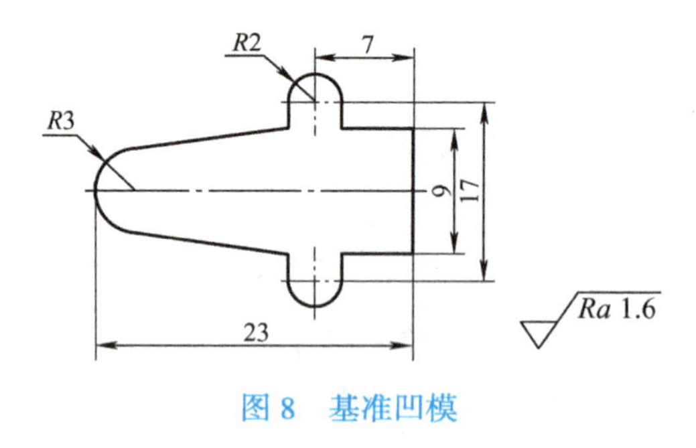

图 8　基准凹模

2）工件周边表面粗糙度为 $Ra1.6\ \mu m$。

3）备料尺寸为 40 mm×30 mm×5 mm，材料为 45 钢。

考试时间：150 min。

考核内容及评分标准：

序号	项　目	加工后工件的理论尺寸	配　分	检测标准	检测结果	得　分
1	程序编制	—	40	图形正确（15分） 工艺路线正确（5分） 偏移量正确（10分） 程序正确（10分）		
2	17 mm	16.9 mm	5	超差0.02 mm不得分		
3	9 mm	8.9 mm	6	超差0.01 mm不得分		
4	*R*2 mm	*R*1.95 mm	5	超差0.02 mm不得分		
5	23 mm	22.9 mm	4	超差0.02 mm不得分		
6	*Ra*1.6 μm（12处）	—	12	降级不得分		
7	工件装夹	—	5	错误不得分		
8	电极丝定位	—	5	错误不得分		
9	安全文明生产	—	10	视情节扣分		
10	线切割机床按走丝速度分类，可分为哪两类	—	4	视回答情况得分		
11	线切割加工是否可以加工任何材料	—	4	视回答情况得分		

附录F　电火花机操作工理论知识测试题

班级__________学号______________姓名__________

一、判断题（正确的填“√”，错误的填“×”）

1. 电火花加工时，若电火花放电过程中产生的电蚀产物来不及排除和扩散，产生的热量将不能及时传出，使该处介质局部过热，局部过热的工作液高温分解、积炭，使加工无法继续进行，并烧坏电极。（　）
2. 电火花成形机床可以加工不通孔、台阶孔。（　）
3. 用纯铜电极加工钢件时，随着峰值电流的增加，电极损耗也会增加。（　）
4. 在脉冲宽度一定的条件下，若脉冲间隔减小，则加工速度降低。（　）
5. 为了保证电火花加工过程的正常进行，在两次放电之间必须有足够的时间间隔让电蚀产物充分排出，恢复放电通道的绝缘性，使工作液介质消电离。（　）
6. 在电火花加工时，相同材料（如用钢电极加工钢工件）的被腐蚀量是相同的，这种现象称为极性效应。（　）
7. 平动头就是为解决修光侧壁和提高其尺寸精度而设计的。（　）
8. 在同样加工条件下，不同工件材料的加工速度相同。（　）
9. 在电火花加工中，工作液的种类、黏度、清洁度对加工速度有影响。（　）
10. 在加工中选择极性，可以只考虑加工速度，而不需要考虑电极损耗。（　）

二、填空题

1. 指示表每一小格代表__________mm，千分表每一小格代表__________mm。

2. 电火花成形机床包括机床本体、__________、__________3大部分。

3. 电火花线切割加工与电火花成形加工都是利用电极与工件之间脉冲性火花放电时的__________现象进行加工。

4. 在加工过程中，严禁触摸电极和工件，以防__________。

5. 电火花成形加工中使用的铜电极又称为__________。

6. 在用纯铜电极加工型腔时，采用__________接法。

7. 电火花成形机床在打开液压泵前一定要确认__________是否关好，并锁紧。

8. 工件拆下后必须把磁力工作台的开关旋到__________状态，装夹工件前应先检查磁力工作台的开关是否在__________状态，以免夹伤手。

9. 在峰值电流一定的情况下，随着脉冲宽度的减小，电极损耗会__________。

10. 平动头是为解决__________和提高__________而设计的，平动头有__________和__________式两种。

11. 电火花成形加工中，粗加工的火花间隙比半精加工的要__________，而精加工的火花间隙又要比半精加工的要__________些。

12. 单轴数控电火花成形机床简称__________，只能控制__________轴移动。

三、选择题

1. 在加工中工件接电源（　　），电极接（　　）称为负极性加工。

A. 正极　正极　　B. 正极　负极

C. 负极　正极　　D. 负极　负极

2. 在电火花成形加工过程中，低压电流过大容易引起（　　），烧伤电极和工件。

A. 绝缘　B. 电弧　C. 放电　D. 火花

3. 不能使用电火花成形加工的材料为（　　）。

A. 铜　B. 铝　C. 硬质合金　D. 大理石

4. 开起液压泵前，应使泄油阀放下，并使排油拉杆处于（　　）位置。

A. 水平　B. 竖直向下　C. 竖直向上　D. 关闭

5. 电火花成形加工的对象有（　　）。

A. 任何硬度，高熔点包括经热处理的钢和合金

B. 冷冲模中的型孔

C. 塑料模中的型腔

D. 以上都能加工

6. 脉冲宽度的单位是（　　）。

A. μs　B. ms　C. s　D. min

7. 电火花加工又称为放电加工，简称（　　）。

A. WEDM　B. EDM　C. ZNC　D. CNC

8. 电火花成形加工中，放电参数是根据以下哪些因素选择（　　）。

A. 表面粗糙度　　B. 电极和工件材料

C. 电极形状　　D. 以上因素都有

9. 电火花成形机床使用（　　）作为工作液。

A. 纯水　　B. 机油　　C. 乳化液　　D. 专用火花油

10. 下列材料中，适合作为精加工电极材料的是（　　）。

A. 钢　　B. 纯铜　　C. 石墨　　D. 黄铜

四、问答题

1. 电火花成形机床使用工作液的作用是什么？
2. 电火花线切割与电火花成形加工的区别是什么？
3. 电火花成形加工的主要应用范围有哪些？

附录 G 参考答案

线切割工理论知识测试题参考答案

一、判断题（正确的填“✓”，错误的填“×”）

1~5：×，×，×，✓，✓　6~10：×，×，×，×，✓

二、填空题

1. 短路
2. 钼丝、钨钼合金丝、铜丝，钼丝、钨钼合金丝
3. 电极丝、放电间隙，偏移量=电极丝半径+单边放电间隙
4. 锥度、异面
5. 短路、触电

三、选择题（不定项）

1. C　2. ABCD　3. D　4. ACD　5. AB　6. B　7. A　8. AC　9. C　10. A

四、简答题（答案略）

五、问答题（答案略）

六、编程题

第 1 题答案（顺时针切割）：

程序如下：

N10	B	0	B	0	B	3000	GY	L2
N20	B	0	B	0	B	17100	GX	L3
N30	B	0	B	0	B	1300	GY	L2
N40	B	3050	B	4800	B	4800	GY	L1
N50	B	0	B	0	B	4700	GY	L2
N60	B	0	B	0	B	2500	GX	L1
N70	B	500	B	1500	B	1500	GY	L4
N80	B	0	B	0	B	5000	GX	L1
N90	B	500	B	1500	B	1500	GY	L1
N100	B	0	B	0	B	2500	GX	L1
N110	B	0	B	0	B	4700	GY	L4
N120	B	3050	B	4800	B	4800	GY	L4
N130	B	0	B	0	B	4300	GY	L4

第2题答案（逆时针切割）：

补偿量：$f=d/2+Z=0.18\ \mathrm{mm}/2+0.01\ \mathrm{mm}=0.1\ \mathrm{mm}$

加工凹模，钼丝在工件内单边偏移为0.1 mm

程序如下：

N10	B	0	B	0	B	22400	GX	L1
N20	B	0	B	0	B	14800	GY	L2
N30	B	0	B	0	B	6400	GX	L3
N40	B	0	B	0	B	6600	GY	L4
N50	B	4700	B	0	B	9400	GY	SR4
N60	B	0	B	0	B	3300	GY	L2
N70	B	3300	B	0	B	6600	GY	NR1
N80	B	0	B	0	B	11500	GY	L4

第3题答案（顺时针方向）：

N10	B	0	B	3000	B	3000	GY	L2
N20	B	8500	B	0	B	8500	GX	L3
N30	B	7000	B	22000	B	22000	GY	L2
N40	B	0	B	12536	B	12536	GY	L2
N50	B	11250	B	16536	B	22500	GX	SR2
N60	B	0	B	12536	B	12536	GY	L4
N70	B	7000	B	22000	B	22000	GY	L3
N80	B	0	B	3000	B	3000	GY	L4

第4题答案（逆时针方向）：

补偿量：$f=d/2+Z=0.18\ \mathrm{mm}/2+0.01\ \mathrm{mm}=0.1\ \mathrm{mm}$

加工凸模，钼丝在工件外单边偏移为0.1 mm

程序如下：

N10	B	100	B	4900	B	4900	GY	L2
N20	B	35700	B	0	B	35700	GX	L1
N30	B	0	B	8000	B	8000	GY	L2
N40	B	24800	B	0	B	24800	GX	L1
N50	B	0	B	8000	B	8000	GY	L4
N60	B	14700	B	0	B	14700	GX	L1
N70	B	0	B	35200	B	35200	GY	L2
N80	B	27000	B	0	B	27000	GX	L3
N90	B	0	B	18000	B	18000	GY	L2
N100	B	20200	B	0	B	20200	GX	L3
N110	B	0	B	18000	B	18000	GY	L4
N120	B	17900	B	0	B	17900	GX	L3
N130	B	0	B	10100	B	10100	GY	NR2
N140	B	0	B	25100	B	25100	GY	L4
N150	B	100	B	4900	B	4900	GY	L4

电火花机操作工理论知识测试题参考答案

一、判断题

1～5：✓，✓，✓，×，✓　6～10：×，✓，×，✓，×

二、填空题

1. 0.01、0.001
2. 控制系统、脉冲电源
3. 电腐蚀
4. 触电
5. 铜公
6. 正极性
7. 工作台油槽门
8. OFF、ON
9. 减小
10. 修光侧壁、尺寸精度、机械式、数控控制
11. 大、小
12. ZNC、*Z*

三、选择题

1. C　2. C　3. D　4. C　5. D　6. A　7. B　8. D　9. D　10. B

四、简答题（答案略）

参 考 文 献

[1] 邱建忠，等．CAXA线切割V2实例教程［M］．北京：北京航空航天大学出版社，2002.

[2] 张学仁．数控电火花线切割加工技术［M］．哈尔滨：哈尔滨工业大学出版社，2004.

[3] 贾立新．电火花加工实训教程［M］．西安：西安电子科技大学出版社，2007.

[4] 周湛学，刘玉忠，等．数控电火花加工［M］．北京：化学工业出版社，2007.

[5] 罗学科，李跃中．数控电加工机床［M］．北京：化学工业出版社，2007.

[6] 赵万生，刘晋春，等．实用电加工技术［M］．北京：机械工业出版社，2002.

[7] 曹凤国．电火花加工技术［M］．北京：化学工业出版社，2005.

[8] 宋昌才．数控电火花加工培训教程［M］．北京：化学工业出版社，2008.

[9] 杨建新．电切削工：初级、中级、高级［M］．北京：机械工业出版社，2013.

[10] 熊达，王军．电加工技术与训练［M］．北京：机械工业出版社，2018.